經商社匯

7

中國商務
應用文書手冊

蔡富春◆主編

目錄

序一

　　港人慣常應用英文文書，加上並不了解中國的法規與政策，在中國從事商業活動時，往往受到制約。隨着中國加入世貿，香港商界展現了無限商機，要在這個龐大的投資市場分一杯羹，熟悉中國慣常應用的文書格式及語言，是必備的條件。

　　在中國營商，須知悉投資企業之申報程序，並製備投資事務文書，如項目建議書、可行性研究報告、合同及招聘文書等。此外，由於經常會與中國官員接觸，亦須清楚中國政府的行政架構及公務員的職銜稱謂。

　　中國經濟發展一日千里，香港人到中國求職漸趨普遍，有見及此，《中國商務應用文書手冊》更加入了個人求職與日常生活文書示例，如求職信、履歷表、勞動合同、房屋買賣及租賃合同等。

　　今次能邀得前廣東省對外經濟貿易發展研究所所長兼高級經濟師蔡富春先生共同編製《中國商務應用文書手冊》，作出大規模研究、資料搜集、撰寫及編輯，實在深感榮幸。本書附有超過五十個文書示例，內容深入淺出，相信必能為到中國營商及工作的人士帶來不少幫助。本人謹在此向大家誠意推介。

麥華章

（《香港經濟日報》社長兼董事總經理）

序二

　　《中國商務應用文書手冊》再版了，這是一件值得高興的事！

　　中國入世了，這必將為香港帶來無限的商機。雖然香港作為國際金融、貿易中心的地位不可替代，許許多多的優勢依然存在。但本人以為，香港只有背靠祖國，與中國更緊密地連成一片，才能更有效地發揮香港這一中心城市的作用，明天才會更好。

　　隨着香港與中國的經濟關係的進一步發展，兩地的經貿往來愈顯頻繁，港人前往經商、置業，個人北上求職亦愈來愈多。同時，中國的人到香港公幹和旅遊的也絡繹不絕。總之，今後兩地的機構、公司和個人的交往將會更加頻密。

　　我希望，亦相信，由經濟日報出版社再版的《中國商務應用文書手冊》，一定能更好地解答港人到國內從事公幹，以及各種商務或求職等活動所遇到的一些難題，並一定能提供多種幫助。

主編蔡富春

（前廣東省對外經濟貿易發展研究所所長、高級經濟師）

第 1 章　中國商務應用文概述

1. 中國常用的商務應用文

2. 書寫和使用商務文書應考慮的問題

3. 書寫商務應用文書須具備的一些常識

中國加入世界貿易組織了。在未來的若干年裏，中國必將繼續成為全球最受矚目的投資熱土。這一蘊藏着巨大潛力的市場，向世界提供了無限的商機。對海外而言，第一個受益的顯然是香港商界。對港人來說，其中既蘊涵商機，又是一種挑戰。香港人在中國的生意會愈做愈大，求職的機會亦將愈來愈多。

然而，在中國「入世」之後，中國政府必將按照世界貿易組織的規則，修改與完善中國現行的相關法律、法規和政策；同時，還將會陸續推出一系列新的法律、法規。

以往，港人到中國投資與貿易，常常因為對中國的法律、法規和政策，以及各地的習慣作法等方面不甚了解，而受到困擾或制約。譬如，在從事各類商業活動時，對書寫業務信函及處理實用文件時，就時常遇到各類難題。相信在往後的商業活動中，也還會遇到這方面的諸多問題。

中國的商務應用文書具有悠久的政治、經濟及文化淵源，既有民間的約定俗成、慣用的辦事規則，也遵循着國家的法律與規章，為政府部門（實行國家公務員制的機構）、事業單位（實行國家職員制的機構）、公司企業、社會團體、民間組織及各業界人士所廣泛使用。

1. 中國常用的商務應用文

在中國從事商務活動所常常接觸及使用的商務文書有以下八個種類。

- 商務公關文書；
- 行政機關公務文書；
- 貿易文書；
- 投資事務文書；
- 設立代表機構文書；
- 知識產權文書；
- 投訴與糾紛處理文書；
- 個人求職與生活文書。

2. 書寫和使用商務文書應考慮的問題

(1) 如何致函政府行政部門請求協助？

在中國進行商務活動，須致函政府行政管理部門請求給予支援和協助。此時若能正確書寫與準確遞交這些信函，將會提高辦事的效率和成功率（詳見第 2 章 1.「信函」）。

(2) 在信函中如何稱呼政府公務員？

中國人士是講究職銜稱謂的。在與政府公務員打交道時，更須正確稱呼他們的職銜，不要因誤稱而得罪對方，甚至誤事（詳見第 2 章 1.3「政府行政機構及公務員的職銜稱謂圖」）。

(3) 證明信對業務聯繫有何幫助？

證明信是中國行政機關、事業單位以及企業接洽業務時最常用的一種信函。在中國辦公務，尤其是接洽重要事務，僅憑一張名片是遠遠不夠的。若能手持一份加蓋企業公章的證明信（詳見第 2 章 2.「證明信」）辦理公務，將會更易獲得對方的信

任和幫助。

(4) 何種商業新聞稿才易被傳媒採用？

利用各類媒體發布商業新聞，進行宣傳推介已是中國常見的一種方式，既省錢，且其效果有時會比普通廣告更為直接。企業在舉辦重大商務活動時，往往事先與新聞媒體取得聯繫，結合時勢撰寫新聞稿供記者參考，這樣一來就易被傳媒所採用，企業推廣的目的就更易達到（詳見第 2 章 6.「商業新聞稿」）。

(5) 為何需要了解行政機關公務文書？

行政機關公務文書是中國政府部門處理公務及實行行政管理的文件。國家或地方各級政府部門頒發的有關法規和政策，也以這類文件的形式發送企事業單位和社會團體。企業在中國從事商務活動，需要獲得來自政府的資訊，了解政策動向。因此，企業有必要閱讀政府公布或發送的有關文件（本書在第 3 章中有詳細論述）。

(6) 通過何種途徑閱讀行政機關公務文書？

中國「入世」了，政府部門必須增加辦事的透明度。行政機關公文將在報刊、廣播電視或政府網站中公開發表。另外，企業還可訂閱政府有關部門編輯出版的刊物或文件匯編，如國家對外貿易經濟合作部發行的《中華人民共和國對外貿易經濟合作部文告》；各省市政府還以期刊的形式發布文件，如《廣東政報》等。通常接觸到的行政機關公文的種類形式主要包括：命令、決定、通告、公告，以及通知等（本書在第 3 章中對各類公文有詳細介紹）。

（7）**中國哪些公司有權簽訂進出口貿易合同？**

在與中國公司簽訂進出口貿易合同時，必須注意簽約方是否具有進出口經營權。目前，中國仍實行進出口經營權審批制度。但在中國「入世」後三至五年內，將逐步實行進出口經營權登記備案制，最終實行登記備案制。不管採取何種制度，進出口貿易合同只有經國家有關部門批准或登記具有進出口經營權的公司才能簽訂，否則合同無效（詳見第 4 章 2.2「進出口貿易合同」）。

（8）**在中國申辦投資項目之前須注意甚麼？**

在中國申辦投資項目之前，為了保障投資者的長遠利益，不僅需要了解當地的有關規定及優惠政策，更應熟悉國家的有關法律、法規和政策。另外，還要知道審批投資項目的政府機關及其具體的辦事程序，企業應呈交的各種文件，以及編製這些文件的內容和要領等（詳見第 5 章「投資事務文書」）。

（9）**為何要了解投資項目等的申報辦事程序及必備的文件？**

投資項目的申報和審批是按政府規定的程序辦理的，每個環節都由政府的相應部門負責，且在申辦投資項目的各個步驟中，要求呈交不同的文件。若不事先了解清楚，就可能費時、費錢，最終會誤事（詳見第 5 章 2.「設立外商投資企業的申報程序」；3.「申請辦理投資項目的必備文件」）。

（10）**如何編製投資項目合同書？**

合同對企業的重要性不言而喻。目前，政府有關部門雖然制訂了合同的範本，但這類範本僅能作為參考。投資者不能生搬硬套，而應根據企業項目的自身要求和特點來編製（詳見第 5

章 4.3「怎樣制訂合同」)。

(11) 為何設立代表處須委託代理機構辦理？

　　企業申請設立代表處須向當地對外貿易經濟合作廳（局）（稱為「審批機關」）遞交一份申請文書及其他有關的必備文件。這些文件必須由一家具有代理資格的機構（稱為「承辦單位」）受理並呈交給審批機關審批，然後呈送工商行政管理部門（稱為「登記機關」）辦理登記手續（詳見第 6 章 2.「設立代表處的必備文書」)。

(12) 註冊商標使用許可合同為何要備案？

　　註冊商標人如允許他人使用其註冊商標時，註冊人及使用人之間簽訂的註冊商標使用許可合同只有向國家商標局申請備案後，商標專用權方能得到保證（詳見第 7 章 1.2「商標使用許可合同備案申請」)。

(13) 怎樣書寫專利申請的指示函？

　　專利申請指示函是由專利申請人向專利代理機構提出要求的一份信函，函中必須詳細說明要求，並提供與專利有關的資訊資料，以便代理機構據此向國家專利局提出申請（本書第 7 章 2.「專利權申請文書」有詳細介紹）。

(14) 哪些事項可以向政府部門提出投訴？

　　當前，中國的政府部門已在逐步實現了政務公開，不少部門都設有專門的投訴機構、信箱或電話，歡迎企業或公民對政府機關及其工作人員提出投訴、檢舉或控告。

　　一般說來，政府機關和工作人員若不按照政務公開的規定要求辦事；或服務態度惡劣，不兌現服務承諾；或違犯法律法

規等，企業或公民都可以提出投訴（本書第 8 章有詳細介紹）。

3. 書寫商務應用文書須具備的一些常識

（1）對中國的行政架構應有所了解

　　中國的各級政府及所轄的職能部門按其管理權限行使各自的行政管理職能。俗話稱「一級管一級」。各級政府及部門都設有領導「班子」，由俗稱為「第一把手」的負責人主持全面，其他副職則分管某些方面的工作。其屬下配備了各級工作人員，負責處理某方面的事務。例如，××廳設有廳長、副廳長數名，處長、副處長數名，主任科員及副主任科員等。另外，還設有非領導職務的職銜，如巡視員（廳級）、調研員（處級）等。

　　到中國開展各種商務活動，書寫商務應用文書有必要首先了解政府的行政架構、有關部門的職能及工作人員的責任等。

（2）要熟悉中國的辦事程序與規則

　　無論申辦投資項目、設立代表機構或從事貿易活動等，都會涉及到一些辦事程序與規則。除了解有關的法律、法規與政策外，如熟悉具體的辦事程序、規則及方式等，則在處理事務時，即可事半功倍。留意閱讀政府部門頒布的有關文件，對於熟悉這些程序與規則，是一種有效的途徑。

（3）特別要注意講究人際關係

　　中國人重禮儀，講「親情」、「鄉情」、「友情」等傳統的人際關係，也看重等級與職銜。「關係」一詞近年甚至已被寫

入外國語言之中。俗話說「熟人好辦事」，若能巧妙地運用這些關係，辦起事來就會左右逢源，得心應手了。

（4）注意工作關係

工作關係是指上下級關係、單位之間的關係、同事之間的關係、事件與事件之間的關係等等。在書寫商務應用文書及在呈交的過程中，若能自如地運用好各種工作關係，則會收到立竿見影的效果。

（5）尊重當地的風俗習慣

中國幅員遼闊、人口眾多，各地民族的風俗習慣頗有差異，也有不少是民間的約定俗成。若能做到尊重當地的風俗習慣，「入鄉隨俗」，就會很快得到當地人們的信任。

（6）不要忽略政治因素

中國是提倡講政治的。在中國與各業界、各層次的人士打交道，不要忽略政治因素這一點。例如，在一個項目的開工典禮上致辭時，若能適時地結合當地的情勢，恰當地使用一點帶有時代特點的辭彙，則演講效果會更好，工程進展亦將會更加順利。

（7）注意使用中國的語言及文字

中國的語言與文字是很豐富的。政府推廣使用的通用語（普通話）及簡體字已幾十年了。若能熟識和掌握中國通用語言的習慣、修辭方法以及簡體字，就可能消除溝通的障礙。尤其是能夠主動使用普通話交流，哪怕生硬些，也無妨。如能掌握一點兒當地方言，就更可以「一見如故」，打破「話不投機半句多」的尷尬局面。

第 2 章　商務公關文書

　　商務公關文書是公司、企業、行政機關、事業單位及社會團體之間在開展業務往來過程中使用的準規範性公務文書。這類文書主要包括信函、證明信、邀請書、請柬、賀信、演講辭、商業新聞稿，以及徵招廣告等。

1. 信函

　　這裏所指的信函是企業、事業單位及行政機關之間在公務往來中商洽工作、詢問或答覆問題所使用的文書。

1.1　信函的分類

（1）**按照格式劃分**

　　a. 公函：一般多用於商洽較為重要的事項。使用單位印製的信箋，並在落款日期處加蓋公章，具有規範的格式，包括事由、發文編號及內容等。

　　b. 便函：一般多用於事務性工作。不具規範的格式，毋需發文編號，但仍須加蓋公章。

（2）**按照作用劃分**

　　a. 詢問函：用於詢問有關事項。如查詢某項政策或請求介紹接洽單位等（詳見實例 1 、 2）。

　　b. 商洽函：用於商洽工作、聯絡有關事宜。如請求安排會見、考察或舉辦座談會等（詳見實例 3 、 4）。

　　c. 請求函：用於向行政主管部門請求批准或協助辦理有關事宜，如投訴、諮詢或解決某些困難等（詳見

實例 5）。

　　d. 知照函：用於互通情況，如遷址、人事變動等事項（詳
　　　　見實例 6）。

　　e. 回覆函：用於回覆來函（詳見實例 7）。

注：以上幾種信函的書寫格式無明顯區別，本章所舉實例僅供參考。

1.2　信函的格式

　　信函的格式一般包括標題、發文編號、正文及落款三個部分。

（1）**標題**：一般由事由和文種組成，如「關於請求解決×××
　　　　問題的函」。

（2）**正文**：一般由稱謂、開頭、主體及結尾語組成。

　　a. 稱謂：單位名稱，或單位名稱並負責人姓名。如「××
　　　　×委員會」或「×××委員會並×××主任」（詳
　　　　見實例 4）。

　　b. 主體：具體事項的內容。若涉及多個事項時，可分列表
　　　　述，但最好是一事一函。

　　c. 結尾語：根據信函的類別、內容及致函對象不同，使用
　　　　不同的結尾語。

（3）**落款**：一般應寫明發函單位全稱、日期及加蓋公章；但也
　　　　可只蓋公章，不寫單位名稱。

（4）**附件**：指附於信函之後，詳述事項的報告、請柬或背景資
　　　　料等（詳見實例 2、實例 3、實例 4）。

1.3 書寫信函的幾點技巧

（1）稱謂

a. 中國人士是講究職銜稱呼的，最好事先弄清楚收信人的
職銜。若在未弄清楚收信人的職銜時，不要隨便稱呼其
職務，以免因誤稱而得罪對方（詳見後頁「政府行政機
關及公務員的職銜稱謂圖」）。

b. 若初次接洽不知收信人姓名，但此函又必須送達某一職
務的領導人時，可直呼其職銜，如市長先生、主任先生
等。這樣，你的信函就可能被直接送達該單位領導人手
中；但若僅稱「執事先生」時，則可能被送交經辦人處
理。

c. 若收信人身兼數職，應稱呼其最具權力的職務名稱。如
某人任市外經貿局局長兼市貿促進委員會會長時，可稱
「××局長」；又如某人任市委書記兼市人大主任，則稱
「××書記」更好一些。

d. 書寫信封時，應正確寫明收信人的職銜；但若收信人為
副職時，內文中可免稱其「副」字，以示親切自然。

e. 以下為幾種經常接觸的行政機關公務員的職銜稱謂：

省政府直屬廳（局）級機構領導的職銜稱謂

- ××省人民政府辦公廳：稱主任、副主任；
- ××省華僑事務辦公室：稱主任、副主任；
- ××省經濟貿易委員會：稱主任、副主任；
- ××省民政廳：稱廳長、副廳長；

政府行政機關及公務員的職銜稱謂圖

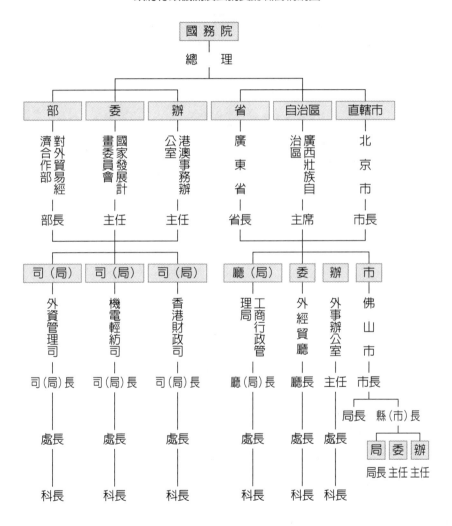

● ××省外匯管理局：稱局長、副局長。

機構內部工作人員的職銜稱謂

● ××省對外貿易經濟合作廳辦公室：稱主任、副主任。

● 外資管理處：稱處長、副處長。

注：處（室）內設主任科員（相當於科長）、副主任科員、科員。

（2）**常用信函用語**

　a. 諮詢有關事宜

　　● 上述請求妥否，盼覆。

　　　　順致

　　　崇高的敬意！

　　● 如蒙惠告，不勝感謝。

　　● 貴處若有此資料，祈查為感。

　　● 希　貴處協助辦理為荷。

　　● 承蒙協助，不勝感激。

　b. 協助辦理有關事宜

　　● 懇請給予支援為盼。

　　　　此致

　　　敬禮！

　　● 奉懇之事，謹祈辦理，費神感荷。

　　● 所述之事，尚希撥冗見示為幸。

　　● 相煩之處，頓首以謝。

　　● 上述請求，惟乞協助辦理是盼。

　　● 以上情況，懇請考慮。順祝，業安。

● 謹此奉懇，敬請政安。

c. 請求解決具體困難和問題

● 上述之事，尚希鑒察，費神相助，不勝感激。

● 所述困難，若蒙賜以協助解決，感謝無概。

● 值此情形，懇請　貴局盡力支援，不勝感荷。

● 謹此致函說明情況，懇望體察實情。

● 特此懇求，專請政安。

● 謹寫此函求助，順祝業安。

d. 知照有關事宜

● 謹此奉達。

● 專此奉告，敬希查照。

● 特此敬告。

● 懇請予以研究函覆。

● 特此謹告，即頌業安。

e. 請求對方回函

● 誠請示覆特此報告，當否
　祈請示覆。

● 專此候覆。

● 懇請從速賜覆為要。

● 如何之處，敬候卓裁。

● 如上所述，祈盡早賜示為盼。

● 上述請求，尊意以為可否，請即示知。

● 立盼速覆。

● 尊意如何，懇請回覆。

- 如蒙從速賜覆，不勝感荷。
- 上述之事，惟希從速示覆。
- 奉懇之事，乞速覆荷。

f. 覆函致謝

- 頃奉惠函，感謝無概。
- 備荷關照，心感何極。
- 承蒙指教，獲益匪淺。
- 承蒙存問，不勝感激。
- 謹以此函，深表崇仰之意。恭祝，業安。
- 謹此致謝，即頌工作順利。

（3）**附件**

　　信函的正文只須說明事由及提出何種要求，但若表述的內容較為複雜時，如諮詢某些政策規定、投訴某一事件，或請求協助安排考察等（詳見實例 2），可將具體事宜另外行文，作為附件附於信函之後。這樣，正文則顯得條理清晰，要領突出。

1.4 書寫信函值得注意的幾個問題

（1）中國行政機關及企事業單位辦理公事所出具的公函，都加蓋公章，以示「公事公辦」。因此，企業在中國辦事所發出的信函除署名外，若加蓋公章，以顯示辦事習慣與中國相同，則更能取得對方的信任。

（2）中國行政機關及事業單位發出的信函，個人一般不簽署姓名，企業對此須有所了解。

（3）企業在向行政機關提出請求協助時，不宜「越級」去

函，而應致函當地主管部門，同時可抄送其上級單位或
單位的負責人（詳見實例5）；若多次得不到主管部門的
回覆時，方可直接函告其上級，以求得到解決。

（4）中國單位的領導「班子」是由正職及數名副職組成，企
業發函時，除重大事項可直接致函正職領導（第一把手）
外，通常應事先弄清副職領導所分管的工作範圍，然後
向分管該項工作的副職領導人致函，不必「越級」，但同
時可抄送正職。

實例 1（詢問函一）

編號×××

關於協助查詢農產品加工設備及技術進口規定的函

×××市對外貿易經濟合作局：

　　本代表處是義大利對外貿易委員會派駐中國廣州的辦事機構，負責促進義大利工商企業與中國華南六省的貿易與投資合作事宜的聯絡業務。

　　最近，本處受義大利一家從事農產品加工機械設備及技術出口的公司委託，欲了解　貴國對該種設備及技術進口方面的有關政策及規定，現請協助查詢如下幾個具體問題：

　　（1）關稅稅率如何？

　　（2）商檢有何規定？

　　（3）是否須申領進口許可證？

　　承蒙　貴局協助查詢上述問題並予惠告，不勝感謝。

　　此致

敬禮！

義大利對外貿易委員會廣州代表處

首席代表：×××　謹啓

×××ｘ年×月××日

實例 2（詢問函二）

編號×××

關於諮詢保稅區進出口管制規定的函

廣州保稅區經濟發展局

×××處長：

　　敝公司是香港一間生產經營五金配件的公司。目前在香港、日本、馬來西亞、新加坡和中國上海、東莞常平鎮均設有工廠，製造模架、加工鋼板及五金配件。現正計畫在廣州保稅區投資設廠及銷售產品。因此，想多一些了解保稅區的有關通關及徵稅等情況，希望　貴局能為我們提供諸方面的協助（詳細內容請見附件）。

　　相煩之處，不勝感荷。

　　附件如文。

××××有限公司

銷售部經理：×××　謹啓

××××年×月×日

附件：

（1）內銷進口中碳鋼板及合金扁鋼的海關徵稅比率？

（2）內銷進口模架的海關徵稅比率（包括增值稅）？

（3）中碳鋼及模架出口到香港及海外怎樣徵稅（包括增值稅），定期支付或每次徵收？

（4）如銷售給區內或區外的香港廠家（「三來一補」、獨資或合資廠）與客戶定期轉廠或每次轉廠是否需要徵稅？徵稅若干？

（5）原材料（中碳鋼）外發到常平分支廠加工後銷售給中國、香港廠家，而又定期與廠家轉廠，是否需要徵稅或不用徵稅？

（6）由區內將完成產品經陸路（文錦渡、皇崗）運回香港，是否要徵稅？

實例 3（商洽函一）

編號×××

關於協助安排會見的函

××省對外貿易經濟合作廳

外事處×××處長：

　　敝公司是香港××集團一間上市公司，除投資房地產和船運業外，也從事環保產品的生產及銷售業務。目前敝公司在　貴省的合資企業共有十二家，其中經營環保業務的公司有三家。隨着公司此項業務投資的擴大，環保用品的生產亦日漸成為重點發展的項目。

　　貴省是外商投資中國最活躍的地區之一，也是本公司在中國重點投資的地區。有鑒於此，本公司總經理×××先生希望在近期內拜會　貴廳×××廳長，以增加對　貴省投資環境和基礎設施的了解，並期望得到　貴廳的支援和協助。

　　懇請　貴處給予安排此次會見為盼。

　　如蒙俯允，祈請示覆。

　　附件如文（主要來賓簡歷、公司簡介（略））。

×××××集團
商務經理：×××　謹啟
××××年×月×日

實例 4（商洽函二）

編號×××

關於協助安排考察　貴區的函

廣州市經濟技術開發區

經濟發展局×××局長：

　　敝會曾於去年 12 月上旬致函　貴局，商洽有關組織本地工商界人士赴粵考察，並以廣州開發區為考察重點地區。

　　現時，敝會已招集了考察人員二十六位（團員名單及其背景資料詳見附件一），按計畫該團將於今年 3 月 3 日上午 9 時拜訪　貴區領導和進行考察活動。關於本次行程的具體安排（詳見附件二），請　貴局給予支援，協助落實有關事項。如有不妥之處，煩請盡早告知。

　　敝會相信在　貴局的大力支持幫助下，本次考察活動定能獲得圓滿成功。

　　順祝

工作愉快！

　　附件如文。

×××商會

中國事務部經理×××　謹啓

××××年×月×日

實例 5（請求函）

編號×××

關於懇求協助追討貨款的函

×××市國際貿易促進委員會：

　　敝公司與　貴市×××進出口公司已有多年的業務交往且合作愉快。但最近卻發生了該公司多收貨款，雖經數次追討，仍未退回之憾事（詳見附件）。

　　現敝公司在不得已的情況下，冒昧致函　貴會，懇求鼎力協助，敦促×××進出口公司遵守商業道德，顧及其公司聲譽，盡早退還敝公司多支付的貨款。

　　上述懇求，惟乞協助辦理是盼。

　　不勝感謝。

　　此致

敬禮！

　　附件如文。

×××公司（蓋章）

總經理×××　謹上

××××年×月××日

抄送：×××會長

實例 6（知照函）

×××進出口總公司：

　　敝公司廣州代表處首席代表×××先生已於 2001 年 12 月 3 日離任，
其職務由××先生接任。

　　特此敬告。

×××公司廣州代表處

××××年××月×日

實例 7（回覆函）

×××市外經貿局

外資引進科：

　　貴科 1 月 12 日來函謹悉。

　　關於本集團屬下製衣廠的電力供應長期不足而造成生產不正常的問
題，承蒙　貴局的多次協調和幫助，現已得到妥善解決。該廠生產已恢復
正常，免除了不必要的經濟損失。

　　鑒此，本集團對　貴局為我們排憂解難，創造良好的投資環境所做的
工作，表示衷心的感謝。

　　此致
崇高的敬意！

×××集團有限公司（蓋章）

總經理：×××　謹啓

××××年×月××日

2. 證明信

　　證明信是中國行政機關、企事業單位之間在接洽事務時，為證明接洽人的身分及説明有關事宜所使用的文書。

2.1　常用的兩種證明信

　　（1）**介紹信**：是中國人士公幹時必須隨身攜帶作為身分證或工作證的輔助證明。介紹信是按統一標準格式印製的，使用者按格式要求填寫即可。（詳見實例 8）

　　（2）**普通證明信**：是用於以單位名義對某事件的真實性給予證明的一種文件，按一般信函格式書寫後印製。（詳見實例 9）

2.2　證明信的特點

　　（1）持加蓋公章的證明信辦理公務，接洽方就會據此給予必要的協助，這是中國的習慣作法。

　　（2）單位出具的證明信是經負責人批准後，加蓋公章發出的。因此説：「出了問題，單位負責」。

2.3　書寫證明信值得注意的幾個問題

　　（1）出具證明信須慎重，用語嚴謹，不得塗改；若出現塗改時，須在塗改處加蓋公章。

　　（2）證明信必須由辦理公務的人員親自攜帶，並由其辦理信中所指定的事項。

　　（3）證明信與貼有相片的工作證或有效證件同時使用方才生效。

實例 8

××經研所　NO.000865

被介紹人單位：×××經濟研究所

姓名：×××、×××

前往單位：××市電子工業集團公司

接洽事項：了解我市近年電子行業發展狀況

介紹信存根

批准人：×××

經辦人：×××

（有效日期至 200×年×月××日止）　　　　200×年×月××日

---（此處加蓋公章）-------------------------

××省經濟研究所介紹信

經研所　NO.000865

××市電子工業集團公司：

　　茲介紹我所×××、×××（兩位）同志前往　貴司聯繫了解關於我市電子行業近年來的發展狀況，及「九五」期間的發展計畫。請接洽。

××××年×月××日

（蓋章）

（有效日期至××××年×月××日止）

實例 9

證明信

××海關：

　　本公司曾於××××年 12 月 17 日從新豐碼頭報關出口了十萬打棉質手套，金額為二十萬美元（由香港轉口德國）。該貨品是由我司報關員×××在　貴關申辦出口報關手續的。但在領取了報關單後，報關員不慎將全部文件遺失。現因該批貨品尚未辦理核銷退稅手續，特懇求　貴關給予開具有關此貨品已報關出口的證明。

　　敝公司茲派遣出口二部經理×××先生、報關員×××等二人前往貴關匯報此次事件的經過，並申請補辦有關手續。

　　以上情況屬實，特此證明。

　　祈請接洽並予辦理為盼。

×××公司（蓋章）

××××年××月××日

3. 邀請信、請柬

邀請信、請柬是商務交往中常用的一種公關禮儀文書。

3.1　格式與內容

邀請信、請柬的格式和內容大致相同。

(1) **標題**：在信、柬的上方寫上「邀請信」、「請柬」的字樣。

(2) **姓名稱謂**：應寫明被邀請人的姓名、職銜及單位全稱。

(3) **正文**：務須簡潔明瞭，主要列明活動的內容、日期、時間、地點及其他須知照的事項。

(4) **結尾**：依據活動的內容及被邀請人的身分使用不同的用辭。

(5) **落款**：署名單位全稱及日期，使用邀請信時可加蓋公章。

(6) **備注**：請求被邀人賜覆。如將請柬作為入場憑證時，須注明「攜柬入場」的字樣。

3.2　書寫邀請信值得注意的幾個問題

(1) 請求被邀人接受某項重大活動安排（如剪綵、致辭）或邀請重要嘉賓時，應事先約定後，再發出邀請。

(2) 信、柬一般須在活動前十五天內發出。若重大活動，應在一個月或更早之前發出。一周後，須確認重要嘉賓是否應邀出席。

(3) 邀請信與請柬也可同時發出，這樣更顯活動之隆重和邀

請之盛意。邀請信可詳細説明活動的具體事宜，但毋需列明日期、時間和地點。

實例 10

邀請信

××市人民政府

×××市長閣下：

　　敝集團公司屬下計算機元器件廠是　貴市工業園區的一家高科技合資企業。在一年多的籌備過程中，得到　貴府領導及有關部門的鼎力協助，該廠主要生產線業已安裝完畢。敝公司希望該廠的投產能對　貴市高科技的發展盡一份綿力。

　　值此計算機元器件廠試投產之際，敬請市長閣下屆時撥冗出席慶祝活動並主持剪綵儀式。

　　如蒙閣下應邀出席，不勝榮幸之至！

　　謹頌

政安！

×××集團有限公司

董事局主席×××謹啓

（簽名）

××××年×月×日

實例 11

請柬

　　謹定於××××年 2 月 18 日（星期一）上午 10 時至 11 時在××市工業園區永福大道六十八號舉行××集團公司××計算機元器件廠開業剪綵儀式。

　　敬候光臨。

×××集團有限公司敬約
××××年×月××日

　　如蒙撥冗　祈請示覆

聯繫人：×××小姐

電話：（020）××××××××

傳真：（020）××××××××

3.3 禮賓排位示意圖

座位安排一般按照中國傳統習慣，左為首，右為次。

（1）**主席台座位安排**

a. 主席台人數為單數時的座位排列：

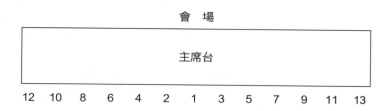

b. 主席台人數為雙數時的座位排列：

（2）**座談會的座位安排**

a. 圓形會場的安排：

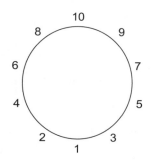

b. 長方形會場的座位安排：

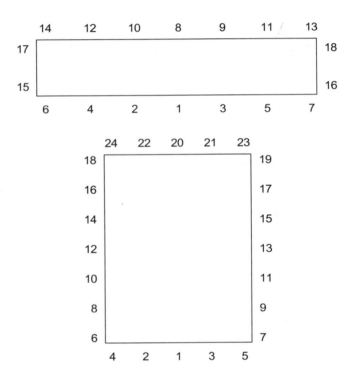

c. T 字形會場的座位安排：

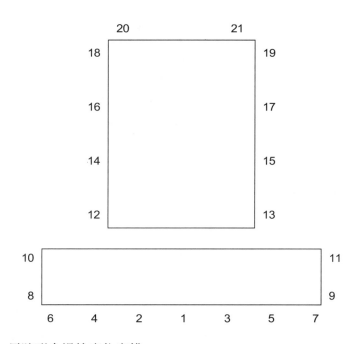

d. 馬蹄形會場的座位安排：

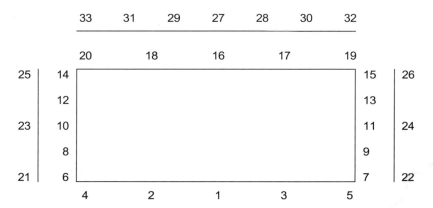

（3）**宴會座位安排**

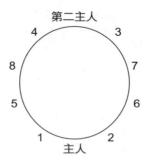

（4）**宴會廳桌次布置圖**

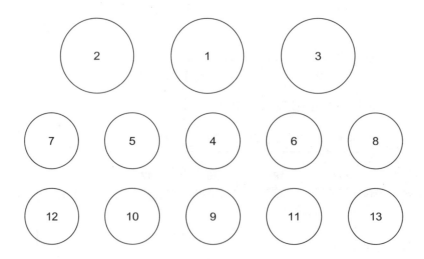

4. 賀信、賀辭

賀信、賀辭是對重大節日、紀念事件或商務活動表示祝賀的一種公關禮儀文書。這是中國各單位之間藉以促進雙方關係的常用方式。

4.1　格式與內容

（1）**賀信**：由稱謂、首語、正文和結尾語組成；

（2）**賀辭**：上款可稱受賀單位全稱或活動的名稱，然後題上固定的贈辭；下款書寫致賀單位名稱及日期。

4.2　書寫賀信值得注意的問題

（1）書寫賀信須言簡意賅，篇幅不宜過長。

（2）在評價受賀方業績時，要恰如其分。如能結合當時當地的情勢加以讚揚，會使對方更感情真意切。

實例 12

××醫療器械股份有限公司並
×××董事長：

　　值此　貴公司隆重上市之際，特向閣下，並通過閣下向　貴公司全體同仁致以最誠摯的祝賀！

　　貴公司作為中國最大的醫療器械設備生產企業，經過十年的艱苦奮鬥，勵精圖治，成功地研製出核磁共振成像裝置等先進水平的設備，填補了中國的空白，榮任中國科技企業一百強，為振興中國醫療器械事業和貴市的經濟發展做出了重大的貢獻。

　　在中國醫療器械朝着高科技領域迅猛發展的時代，我們相信，貴公司必將成為同行業的一面旗幟，在國際市場上創立名牌。

　　衷心祝願　貴公司的事業蒸蒸日上，興旺發達。

××××××公司

董事長×××　敬賀

××××年×月×日

5. 演講辭

　　商界人士在出席各類活動時，以主人或嘉賓的身分所發表講話的底稿稱之為演講辭。

5.1　格式與種類
（1）由稱謂、開場白、正文及結尾語組成。
（2）演講辭的常用種類包括：
　　a. 主人的開幕辭、閉幕辭、歡迎辭等。
　　b. 嘉賓的賀辭、答謝辭等。
　　c. 參加研討會或座談會人士的發言稿等。

5.2　書寫演講辭值得注意的幾個問題
（1）演講者須針對活動內容、場合、出席的人員以及演講所需的時間來擬定講話的內容。演講辭應盡量不用一般的客套話，要一語中的。
（2）演講辭是在隆重場合中發表的，應以書面語言為主，以示莊重、高雅，但適當摻入當地口語化的語言，則更顯生動親切。
（3）當有兩位以上演講者時（即使作為嘉賓出席致辭），宜事先與主辦人溝通講稿的內容，以求相互呼應，更現主賓之友好。
（4）演講辭的開頭要使用準確的稱謂，對特別嘉賓要按其職位的高低順序逐一稱呼。中國人士對此頗為重視。

實例 13

尊敬的××市長閣下

尊敬的各位嘉賓

朋友們：

　　值此春暖花開的時節，本集團公司與　貴市×××總公司合資興辦的具有國際先進技術水平的高科技企業——巨集達光纖通訊設備有限公司今天正式開業了！

　　我謹代表××集團公司董事局並以我個人的名義，對××市長閣下及各位嘉賓出席宏達公司開業慶典活動，表示最熱烈的歡迎和誠摯的謝意。

　　十年來，敝公司得到了市長閣下以及　貴市各有關部門的全力支援和真誠的合作，使敝公司得以順利建成了五樁獨資、合資與合作企業。宏達公司的成立標誌着本集團公司與××市的合作已步入了一個新的發展階段。巨集達產品系列是具二十一世紀國際先進水平的一流產品。我相信，這些產品將對　貴市乃至中國資訊高速公路的迅速發展做出重要貢獻。

　　在這令人高興的時刻，我謹再一次對市長閣下及各位嘉賓的光臨，表示衷心的感謝。我謹祝願　貴市繁榮昌盛、人民富裕，並祝市長閣下和各位嘉賓身體健康。

　　乾杯！

6. 商業新聞稿

　　商業新聞稿是指報章、廣播電台、電視台、互聯網站等媒體傳播商業資訊常用的一種記敘性文體。

6.1　常用的商業新聞稿

（1）**簡訊**：又稱簡明新聞。其特點是短而快，一般只用一百到兩百字左右。報章通常將這類簡訊匯成一個專欄，重要的消息也常放在顯要的版面上。它多用於報導某項目的簽約、投產、洽談會或展銷會的召開等。

實例 14

×××國際服裝文化節開幕

　　××市紡織商會主辦的××國際服裝文化節暨國際服裝博覽會於 2 月 3 日開幕。參加本屆服裝博覽會的有來自法國、義大利、美國、日本、加拿大、瑞典、西班牙、印尼、列支敦士登以及香港、台灣等國家和地區的七十餘家廠家。

　　文化節還舉辦國際服裝設計大師作品發布會、×××春夏服裝流行趨勢發布會、中華杯全國服裝設計大賽及××國際時裝模特兒大賽。

　　——摘自《××商報》××××年×月×日

（2）**動態新聞**：這類新聞所占比例最大。多數報導近日發生的人們感興趣的事件。一般篇幅不長，重點突出，在五百到一千字左右，要寫明何時、何地、何人、何事、何故，有導語、主體和結尾。

實例 15

××冰箱新產品開發有突破

　　××電器股份有限公司近期又推出了全國獨家採用熱轉換工藝設計的新系列無氟抽屜式豪華冰箱。這標誌着連續五年銷量全國第一的××冰箱，在外觀設計、安全性能等方面又有新的突破。

　　該集團去年營業額高達三十五億元。此次推出的冰箱新產品，是公司結合使用新的無氟物質、對產品製冷系列進行優化設計、並引進日本最新塑膠裝飾技術生產。在外觀上，將頂蓋板、暗拉手、名牌等裝件採用大對比度鮮明亮麗的色彩，兼以金、銀、紅等線條圖案配合裝飾。新產品揉合了 CFCs 等不同替代技術的先進性、安全性，耗電比國家 A 級標準能耗低 30% 至 40%；噪音比國家 A 級標準低 3 至 5dB；保溫性能接近國家 A 級標準的兩倍。為配合新系列產品的推出，××集團特別引進一批與實物原型極為相似的食物模型，將之置於展示的新產品中，這種銷售展示方法，在中國同行業中屬首次嘗試。

——摘自《××日報》××××年×月×日

（3）**綜合新聞**：這類新聞稿是對企業或行業的動向、成就或問題作綜合報導。其報導的篇幅較長，可造成一定的聲勢。要求多用事例來證明觀點和主題，事例的時間順序不必強調，時效性不如上兩類。如「面向市場，客戶至上——××集團發展紀實」。這類稿件通常需要企業與新聞媒體共同合作來完成。

6.2　企業在中國發布商業新聞須了解的幾個問題

（1）中國的新聞媒體是政府轄下的機構，作為事業單位管理。媒體的輿論導向帶有一定的官方色彩。而以新聞報導的形式發布的消息，在公眾印象中，似獲得了政府的認同和支援，具有一定的權威性和可信度。

（2）中國的報章若冠以地區名稱，如《廣州日報》、《河南日報》和《陝西日報》等，是省、市政府的「機關報」，電視台、廣播電台也相類似。這類媒體在當地的覆蓋面廣、讀者層次多，其社會影響力較××投資導報、××商報，或××資訊時報等其他專業報章要大。

（3）近年來，中國媒體對於來自外資的企業商業新聞也給予了密切的關注。企業在中國推廣業務如能採用商業新聞作宣傳，其效果有時要比廣告更直接。因此，在舉辦各類重大的商務活動時，若能主動與新聞單位取得聯繫，獲得某媒體的新聞報導，不失為一個既省錢又有效的宣傳方式。

6.3　新聞稿寫作的幾點技巧

（1）企業採用新聞作宣傳，通常要自備一份新聞通稿供傳媒編輯人員參考。在擬就新聞通稿時，如能模仿記者的口吻，並盡量站在媒體的角度，稿件則更易被採納。

（2）商業新聞寫作要求客觀、平實、簡練，使人一目了然。除簡訊外，其他新聞應把高潮放在最前面。即文稿一開頭就應一語中的地寫出最新鮮、最重要或結論性的新聞事實，以引起讀者的注意。

（3）在新聞內容的選材方面，企業若能巧妙地捕捉政府所關注的事情作為主題，則可以大大提高媒體的重視程度。同時，亦可大大提高公司的影響力。例如：政府提倡「抓精神文明建設」。如廣東省珠海市電台曾報導××外資企業勞資關係融洽，老闆改善工人工作、居住條件、技術培訓及文化生活等。這則新聞發布後，立即被多個媒體採用，這樣一來，對宣傳這家公司的形象和擴大影響獲得了料想不到的良好效果。政府鼓勵投資高新技術的產業政策，如從引進高新技術項目的角度來宣傳企業的新舉措等。企業「重合同、守信用」，參與社會公益活動，以及環境保護等方面，也都是好的話題。

7. 啓事、聲明、布告、通告

（1）**啓事**：企事業單位對社會大眾、部分群眾、或個人宣布事

實、表示意見或徵求意見等的一種公開方式（見實例
16）。

（2）**聲明**：為啓事的一種，用於完成法律程序後，或對不特定
人士而做的公開聲明（見實例 17）。

（3）**布告**：凡企事業單位、機關或團體於當眼處展布政令或其
他事項，讓有關人士知悉的，稱為「布告」（見實例
18）。

（4）**通告**：類似布告，只是一般須寫明或暗示受文者，而且略
帶預期回應的性質（見實例 19）。

實例 16（啟事）

××公司啓事

　　敝公司去年底所銷售之特價「××牌」花生油因標貼不符，牴觸香港
市政事務法例 CAP.132 商標說明條例 SECTION 61（1）（a），並已於××
××年 12 月 21 日被控。

　　查該牌子經已停售多月，特此聲明。

××××有限公司　謹啓
××××年××月××日

實例 17（聲明）

聲明

××××——註冊商標第 HKTM12345 號

　　本廠茲鄭重聲明：上述商標為本廠獨家註冊使用：任何人士、公司或機構、團體，倘若侵犯本廠上述註冊商標之有關權益，本廠定依法控訴。請各界人士垂注。

××製品廠啓

××××年×月×日

實例 18（布告）

布告

　　茲接納全體職員建議，以農曆年關將近，特提前一周發薪，希各員即到出納處辦理領取手續為荷。

　　又×月×日為農曆年，按國家有關規定放假三天。

　　此布

總經理××××

××××年×月×日

實例 19（通告）

××××有限公司股東周年大會通告

謹啓者：本公司定於 1997 年 6 月 6 日星期五中午 12 時正，假座香港干諾道中怡和大廈××有限公司董事會議廳舉行第十二屆股東周年大會，處理下列事項：

一、省覽 1996 年度董事會報告及年結。

二、宣布股息。

三、選舉董事。

四、聘請核數師。

五、處理公司其他普通事務。

有權出席及投票之股東，得委派代表出席及投票：代表人必須為本公司有投票權之股東。持有本公司股票之公司，則有權委派其屬下職員代表，該等職員不必為本公司股東。

由 1997 年 5 月 23 日起至 6 月 6 日止（首尾兩天在內），本公司股票將暫停過戶登記。

承董事會命

總代理兼祕書處××有限公司謹啓

1997 年 4 月 8 日

8. 商業贊助邀請函

　　企業舉辦展覽會、產品發布會、研討會、企業慶典或其他大型社會活動等，通常都會發出邀請函（或徵集函），邀請相關企業、公司等單位給予贊助、祝賀，或協辦這些活動；並在邀請函中表示以下的承諾回報，例如刊登贊助單位的廣告、專欄報導、聯合署名、給予展位、邀請出席代表等。這是中國一種常見的商業活動。

8.1　贊助邀請函的內容和格式

　　贊助邀請函的基本內容和格式如下：

（1）標題：扼要說明由誰舉辦甚麼活動、邀請贊助內容等。

（2）正文：說明活動舉辦的背景、意義、內容及預期效果；主辦者自我介紹；活動組織方案詳細情況；發出邀請並說明贊助費用；以及具體的回報形式等。

（3）聯絡方式及聯絡人。

（4）要求給予回覆確認等。

8.2　編寫贊助邀請函值得注意的幾個問題

（1）在中國舉辦大型商業活動，若能事先與當地政府部門溝通，將贊助邀請函預先取得他們的認可支援，尤其是若能邀得相關部門協辦的名義，將會使業界對此項活動大增信任感。

（2）標題要立意新穎，突出活動主題的特色，如能與當前的
　　　經濟發展相結合，更易獲得多方的關注和參與。
（3）該項活動回報的內容要陳述清晰、具體，並表示出真
　　　誠、可信。尤其是要求贊助的方式更應具有合理性。

實例 20

> ### 關於第×屆中國國際高新技術成果交易會
> ### ——WorldCN××××年世界證券市場峰會
> ### 誠徵會議贊助單位的邀請函
>
> ××××集團股份有限責任公司
> 尊敬的×××董事長先生：
>
> 　　我們是第×屆中國國際高新技術成果交易會 WorldCN××××年世界證券市場峰會會務組，現誠邀　貴公司對本次峰會給予大力支持和協助。在此，請允許我們將此活動的有關安排詳告如下。
>
> 一、關於 WorldCN××××年世界證券市場峰會
> （http://www.worldcn.com）
> 　　由第×屆高交會組委會主辦，××市中國國際高新技術成果交易中心承辦，××有限公司合作舉辦的第×屆高交會 WorldCN××××年世界證券市場峰會將於 10 月 12 日至 17 日在深圳隆重舉行。

　　本次峰會是本屆高交會重要的金融板塊活動，其主題是為中國高新技術企業在中國二板上市和海內外融資導航，為中國券商、投資基金、上市公司建立與中國高新技術企業及中國國際資本市場的聯繫搭橋，為中國外證券市場推薦優秀高新技術企業。

　　WorldCN ××××年世界證券市場峰會將齊聚包括紐約證券交易所、那斯達克、倫敦股票交易所、香港創業板、韓國等世界主要證券市場和中國外金融證券投資機構。會議還將邀請美國紐約證券交易所（NYSE）、美國股票自動報價市場（NASDAQ）、美國 OTCBB 證券市場、加拿大多倫多股票交易所（TSE）、加拿大創業板／溫哥華股票交易所……等蒞臨演講。本次會議將是第×屆高交會活動中在中國外有重大影響的金融與科技盛會，並將取得圓滿成功。

二、會議主要內容

　　1. 由參會的多家世界股票交易所向與會企業介紹各自交易所的上市要求和上市規則，並回答與會代表的問題；

　　2. 由國際知名的金融投資機構向與會的中國企業介紹他們幫助企業融資上市的成功經驗……（略）

三、會議日程：……（略）

四、誠邀　貴公司贊助本次會議的原因：……（略）

五、我們如何回報　貴公司的支援與贊助。……（略）主要包括以下幾種合作方式：獨家贊助單位、分場贊助單位，及專業顧問單位等，僅供參考。

　　如蒙　貴公司對此有合作意向，我們將專程前來拜見董事長閣下，並面洽具體事宜。承蒙閣下撥冗示覆，不勝感激之至。

　　例舉：獨家贊助單位

　　在整個會議及相關活動的宣傳推廣過程中享有作為活動獨家贊助單位的權益，邀請贊助金額為人民幣一百萬元，現本公司十分榮幸地將給予貴公司的回報詳述如下：

1. 禮遇與活動

　　（1）邀請　貴公司領導一名作為 WorldCN ××××年世界證券市場峰會名譽主席，在大會開幕式、閉幕式上發表致辭；以及兩名領導以本次大會主講專家（特別嘉賓）的身分出席所有活動；並在研討會上做專題演講；安排多家媒體記者專訪；

　　（2）提供　貴公司貴賓座位五個；

　　（3）邀請　貴公司領導與會議主要嘉賓的合影及參加 WorldCN ××××年聯誼會；

　　（4）在本次會議中設立單獨時段與地點，提供必要的會議設施，進行專場會議（三十分鐘的座談）為　貴公司提供宣傳；

　　（5）為　貴公司提供本次會議全部客戶及來賓資料，並安排推薦符合貴公司條件的高新技術企業及專案公司進行洽談；

　　（6）設立單獨時段，安排中國外股票交易所嘉賓到贊助單位進行實地訪問。

2. 媒體宣傳

（1）邀請　貴公司與組委會舉行簽字儀式及新聞發布會；

（2）邀請安排三家電視台高交會特別節目報導、網上直播對　貴公司的新聞採訪；

（3）在參加本會的電視、電台、報紙、網路等所有媒體的新聞報導中，均報導　貴公司名稱。

3. 場地宣傳

（1）在會議現場張貼　貴公司海報宣傳畫等；宣傳氣球及橫幅廣告；

（2）貴公司可以將自己產品的宣傳品同會議資料一同發送給來賓；

（3）為　貴公司提供兩個四平米（2×2＝4）的標準展台，可放置電腦電視及宣傳品供與會代表查閱。

4. 會議印刷品宣傳（略）

5. 特別服務（略）

綜上所述，我們誠摯地邀請　貴公司參與本次盛會，並希望此次會議能為　貴公司的發展開拓更多的新機遇。我們期待閣下的回覆。

特此邀請！

邀請人：第×屆中國國際高新技術成果交易會

WorldCN ××××年世界證券市場峰會會務組

××××年 2 月 18 日

9. 徵招廣告文書

在此所謂的廣告文書是指企業在推出新產品或服務之際，為邀請代理商、經銷商加盟其銷售網絡，而通過各種媒體發布的廣告。

9.1　廣告的內容及格式

（1）標題。

（2）產品介紹：重點介紹產品的特點、獨創性等。

（3）市場分析：分析產品的市場需求潛力、盈利前景等。

（4）對經銷商、代理商的支援措施及加盟條件。

（5）聯繫方式等。

9.2　撰寫廣告的技巧

（1）標題要直接說明產品或服務的名稱和招商意圖。

（2）要使用有創意的廣告詞，但說明產品的特色時要注意其真實性。

（3）說明商業回報要具吸引力。說明給予代理商、經銷商的後援支援措施要詳細，使之感到有商業投資保障。

第 3 章　行政機關公務文書

1. 中國行政公文的特點

（1）行政機關公務文書是國家行政機關處理公務的文件。由於中國現行的經濟管理模式，政府憑藉一定的行政手段干預經濟活動。所以，行政公文同時也是國家各級管理部門進行行政管理及與企事業單位、社會團體之間公務往來的一種工具。

（2）國家行政機關發布的行政公文具有法律效力。從中央到地方各級行政管理部門依照其擁有的法定職能，由其發布的有關公文，如命令、決定及通知等，均被視為法規性文件，在一定範圍內具有法律效力，並在一段時間內相對穩定。

（3）「紅頭」文件是中國行政機關公文的權力象徵。所謂「紅頭」文件是指行政管理部門製作公文的一種規範格式，即在發文機關名稱後面加上「文件」二字，以紅色印在文件首頁上端，如「××省對外貿易經濟合作廳文件」。

（4）國家機關頒布的有關公文是從中央到地方一級向一級傳達的。當下級單位接收到上級文件之後，須立即組織學習和部署工作，有時還須向上級機關匯報執行的情況。

（5）行政公文的文種也被企事業單位及社會團體所普遍使用。他們在向其行政主管部門請示工作時，常用「請示」和「報告」等文種。另外，企業對內部制定的有關管理文件也都是按照公文的名稱和格式書寫的，如「決定」

和「通知」等。

（6）由於行政公文是國家政府部門實行行政管理及與企事業
　　單位、社會團體之間公務往來的必用工具，這就要求各
　　級單位的工作人員熟悉公文的書寫和運作方式。因此，
　　行政公文亦是中國學習應用文的必修課程。

2. 通過何種途徑閱讀行政公文

近年來，隨着市場經濟體制的建立，政府大幅度地增加了
辦事的透明度。現時，企業可隨時通過公眾傳媒，如報刊、廣
播、電視和政府機關編發的刊物，如《中華人民共和國對外貿
易經濟合作部文告》、《廣東政報》等閱讀政府的有關文件。

企業在中國從事商務活動，需要獲得來自政府的資訊，閱
讀行政公文是獲得有關政策資訊的一個重要途徑。本章將着重
講述公文的基本常識，如公文語言的種類、發文機關的權限界
定等。

3. 常見的幾種行政公文

3.1　命令

（1）誰有權發布命令

命令是行政機關在發布重要法規和規章，施行重大強制性
行政措施時所使用的公文。根據《中華人民共和國憲法》規
定，只有下列機關與人員才有權發布命令：

● 全國人民代表大會及其常務委員會；

● 中華人民共和國主席；

● 國務院、國務院總理；

● 國務院各部、委員會；

● 國務院各部部長、委員會主任；

● 縣級以上地方各級人民政府及其主要負責人。

但在公文處理中，各級地方政府及其負責人很少使用這個文種。一般只有部級或部級以上的機關或領導人才使用。

（2）**閱讀命令的態度**

命令本身不是法規，但具有頒布法律、法規的功能，而且發布命令者具有法定的地位、身分和職權，這就決定了命令具有法律的權威性和強制性。因此，命令一經發布，在一定的範圍內必須無條件地執行。

（3）**命令常用的兩個文種**

發布令：用於發布重要法律、法令、法規和規章等。一般將法規性文件，如「暫行規定」、「實施細則」等作為附件，附在命令的正文之後，它的正文只是扼要地寫明發布的內容、時間及從何時起生效等（詳見實例1）。

實例 1

中華人民共和國對外貿易經濟合作部令
2001 年第 29 號

　　根據《中華人民共和國對外貿易法》和《中華人民共和國貨物進出口管理條例》，《供港澳地區雞肉產品出口管理試行辦法》已經對外貿易經濟合作部 2001 年第十次部長辦公會議討論通過，並商海關總署、國家質量監督檢驗檢疫總局同意，現予公布，自 2002 年 1 月 1 日起施行。

部長：石廣生

2001 年 12 月 20 日

——摘自《中華人民共和國對外經濟貿易合作部文告》

　　行政令：用於發布重大的強制性行政措施，尤其是用於發布臨時性的重大強制措施，把決定的具體措施逐一清楚地寫在正文之中（詳見實例 2）。

實例 2

中華人民共和國資訊產業部令
第 17 號

　　為了適應我國加入世界貿易組織的要求，資訊產業部決定，1993 年 9 月 11 日發布的《從事放開經營電信業務審批管理暫行辦法》和 1995 年 11 月 10 日發布的《放開經營的電信業務市場管理暫行規定》自 2001 年 12 月 11 日起廢止。

部長：吳基傳

2001 年 11 月 26 日

——摘自「中華人民共和國資訊產業部」網站

3.2　決定

　　決定是行政機關對重要事宜或行動做出部署而發布的具有指令性的公文。一般用於對法律、法規性文件的內容提出具體實施意見和要求，並知照受文者必須依照執行（詳見實例 3）。

　　除行政機關外，企事業單位和社會團體在內部的行政事務管理中也常用這個文種。

實例 3

全國人大常委會關於修改專利法的決定

（2000 年 8 月 25 日第九屆全國人民代表大會常務委員會第十七次會議通過）

第九屆全國人民代表大會常務委員會第十七次會議決定對《中華人民共和國專利法》做如下修改：

一、第一條修改為：「為了保護發明創造專利權，鼓勵發明創造，有利於發明創造的推廣應用，促進科學技術進步和創新，適應社會主義現代化建設的需要，特制定本法。」

二、第三條修改為：「國務院專利行政部門負責管理全國的專利工作」；「統一受理和審查專利申請，依法授予專利權。省、自治區、直轄市人民政府管理專利工作的部門負責本行政區域內的專利管理工作。」

三、第六條修改為：「執行本單位的任務或者主要是利用本單位的物質技術條件所完成的發明創造為職務發明創造。職務發明創造申請專利的權利屬於該單位；申請被批准後，該單位為專利權人。」非職務發明創造，申請專利的權利屬於發明人或者設計人；申請被批准後，該發明人或者設計人為專利權人。「利用本單位的物質技術條件所完成的發明創造，單位與發明人或者設計人訂有合同，對申請專利的權利和專利權的歸屬作出約定的，從其約定。」（略）

——摘自《人民日報》（2000 年 8 月 28 日第五版）

3.3　公告、通告

（1）公告

是用於向中國外宣布重要事項或者法定事項的公文。根據作用的不同，公告分為兩種：

- 由國家行政領導機關發布的公告。如，宣布國家領導人選舉的結果或公布領導人出訪消息等（詳見實例4）；
- 由行政管理部門依據有關法規宣布的公告。如，專利公告、商標公告、國債還本付息公告等。

實例 4

中華人民共和國全國人民代表大會公告

中華人民共和國第九屆全國人民代表大會第四次會議於 2001 年 3 月 15 日補選王學萍（黎族）、賀一誠、賈志傑、盛華仁為第九屆全國人民代表大會常務委員會委員。

現予公告。

中華人民共和國第九屆全國人民代表大會第四次會議主席團

2001 年 3 月 15 日於北京

——摘自《人民日報》（2001 年 3 月 16 日第四版）

（2）**通告**

是用於在一定範圍內公布應當遵守或了解的事項的公文。通告也分為兩種：

- **法規性通告**：是行政管理部門依法公布的有關政策、措施。在一定範圍內，有行政約束力和法律效力，受文者必須遵守執行（詳見實例 5）；
- **事務性通告**：是行政管理部門公開告知受文者需要了解或辦理的有關事宜。

（3）**注意公告與通告的區別**

公告的發文機關級別高，一般為省、部級以上的機關或被授權的行政部門才有權使用，通常是面向中國外公布。

通告的發文機關不限於級別，但受文對象是明確的。「實例 5」就是政府藥品監督管理部門向企業發布的通告。

實例 5

國家藥品監督管理局關於撤銷中藥保健藥品
批准文號的通告
（第 3 號）國藥監註〔2001〕587 號

　　根據我局《關於開展中藥保健藥品整頓工作的通知》（國藥管註〔2000〕74 號）《關於印發全國中藥保健藥品整頓工作座談會議紀要的通知》（國藥管註〔2001〕431 號）的規定要求，我局已分別發布了《關於撤銷中藥保健藥品批准文號的公告》（第 1、2 號），公告撤銷了一千七百六十七個中藥保健藥品的批准文號。現將浙江、吉林、黑龍江省、新疆維吾爾自治區藥品監督管理局再次發文撤銷批准文號的一百九十二個品種名單予以公告（見附件）。

　　各相關企業要嚴格按照各省（區、市）藥品監督管理局的要求，認真研究落實。從 2002 年 1 月 1 日被撤銷批准文號的品種不得在市場上流通。凡未參加中藥保健藥品整頓，又不符合有關規定的其他「健字」號中藥保健藥品品種，自 2002 年 1 月 1 日起不得在市場上銷售使用。

　　各省、自治區、直轄市要嚴格按照我局有關中藥保健藥品整頓工作的要求，在 2002 年底前，根據國家審評情況撤銷全部「健字」批准文號。

　　特此通知

附件：被撤銷批准文號的中藥保健藥品名單（略）

國家藥品監督管理局

2001 年 12 月 31 日

　　——摘自「國家藥品監督管理局」網站

3.4　通知

通知是中國行政機關最常用的一種公文，大都用於轉發上級行政部門制定的行政規章、規定或對下屬機構布置工作事項等。

（1）**通知常見的兩種形式**

- **發文機關自行發出的通知**：寫明事由、要求等具體內容（詳見實例 6）。

- **發文機關轉發文件的通知**：在其正文之後帶有附件，而附件才是需要知照的文件（詳見實例 7）。這種公文十分簡潔，只寫出發文的名稱、發布的目的或要求即可。

（2）**閱讀通知要注意兩點**

- **通知的發文機關是誰**：由於行政機關、企事業單位及社會團體都可以使用通知這一文種，所以在閱讀時，須注意是哪一個部門發布的文件。如中國行政機關發布有關投資與貿易的文件通知，一般在《中華人民共和國對外貿易經濟合作部文告》上公布。

- **通知受文者是誰**：如《對外貿易經濟合作部關於編製 2002 年度外商投資企業進出口計畫的通知》一文的受文單位是國務院各部門、各省、自治區、直轄市及計畫單列市外經貿委（廳、局）等（詳見實例 6），但是對企業也有參考意義。

實例 6

對外貿易經濟合作部關於編制 2002 年度外商投資企業進出口計畫的通知

外經貿資函〔2001〕959 號

國務院各部門，各省、自治區、直轄市及計畫單列市外經貿委（廳、局），瀋陽、長春、哈爾濱、南京、武漢、廣州、成都、西安市外經貿委（局），中國海洋石油總公司，中國石油天然氣集團公司：

為了保證外商投資企業生產的連續性和穩定性，現將編制 2002 年度外商投資企業進出口計畫的有關事項通知如下：

一、編制計畫的商品範圍。

（一）外商投資企業生產內銷用一般配額商品、限量登記商品（包括重要工業品、重要農產品、石棉、氰化鈉、菸草、絲束、膠合板進口計畫）；

（二）外商投資企業投資和自用進口實行配額管理機電產品進口計畫；

（三）外商投資企業出口許可證商品計畫；

（四）外商投資企業易製毒化學品進出口計畫。

二、編制計畫的原則、要求。

各地外經貿外資管理部門應根據本地區外商投資企業依法批准的經營範圍、生產規模、合同規定的內外銷比例等情況彙總編制計畫，同時參考

企業 2001 年計畫執行情況對企業的申請進行初步核定。計畫必須通過「外商投資企業進出口網絡管理系統」報送資料，同時正式報送文件對資料內容進行補充和說明。計畫彙總資料必須根據分企業明細資料生成，否則視為無效。具體編制計畫要求如下：

（一）外商投資企業生產內銷用重要工業品進口，其中化肥請按氮肥、磷肥、鉀肥和複合肥分類（系統程式中已做相應調整，請注意更新）。

（二）出口計畫。

1. 納入年度出口計畫的外商投資企業，必須是經外經貿部批准其出口規模或實行配額、許可證管理前已批准成立，並經外經貿部核定出口規模的企業。

2. 外商投資企業的出口產品必須為自產產品。

3. 出口計畫管理商品暫按 2001 年出口管理商品範圍報送，實行出口招標和有償使用的商品及實行被動配額管理的商品不納入本計畫，企業出口按有關規定辦理相應的手續。

（三）易製毒化學品進出口計畫。

1. 易製毒化學品進口，請有關省市參考 2001 年本地區外商投資企業易製毒化學品進口情況，根據企業 2002 年度進口申請編制計畫。各地外經貿外資管理部門須根據外經貿部 1997 年下達的《外商投資企業易製毒化學品進出口審批原則和審批程序的通知》（〔1997〕外經貿資三函字第197 號）的有關規定，審核企業應提交的文件和資料，並統一編制計畫彙總表（加工貿易進口和生產內銷用進口分列），將 2002 年易製毒化學品進

口計畫的請示文件、計畫彙總表及進口企業應提交的文件和資料，在全國
外商投資企業進出口管理工作會計召開時一併報送外經部（外資司）。外
資司審核合格後，統一列印「易製毒化學品進口批覆單」。各省級外經貿
外資管理部門統一領取並辦理進口許可證。

　　2. 易製毒化學品出口仍按《外商投資企業易製毒化學品進出口審批原
則和審批程序的通知》的有關規定辦理出口手續。

三、計畫報送要求。

　　請各地外經貿外資管理部門於 11 月 15 日前通過網路計畫資料報我部
（外資司）。書面文件不再附列計畫表，資料以網路傳輸為準。逾期未報，
不予下達進口預撥計畫和出口計畫。

　　瀋陽、長春、哈爾濱、南京、武漢、廣州、成都、西安市外經貿委
（局）、外資辦不再單獨報送計畫，由所在省外經貿委彙總納入本省計畫需
求總量後，統一報送我部。

　　合資、合作中方主管部門為國務院有關部委及中國海洋石油總公司、
中國石油天然氣集團公司的外商投資企業進出口計畫申請，請有關部委、
公司於 11 月 15 日前以書面文件轉報我部（外資司）。

對外貿易經濟合作部

2001 年 10 月 24 日

──摘自《中華人民共和國對外貿易經濟合作部文告》

235-62
台北縣中和市中正路800號13樓之3

印刻出版有限公司　收

讀者服務部

姓名：＿＿＿＿＿＿＿＿＿＿＿　性別：□男　□女

郵遞區號：＿＿＿＿＿＿

地址：＿＿＿＿＿＿＿＿＿＿＿＿＿＿＿＿＿＿＿＿＿＿＿＿＿

電話：(日)＿＿＿＿＿＿＿＿＿＿＿　(夜)＿＿＿＿＿＿＿＿＿＿＿

傳真：＿＿＿＿＿＿＿＿＿＿＿＿

e-mail：＿＿＿＿＿＿＿＿＿＿＿＿＿＿＿＿＿＿＿＿＿＿＿＿

INK PUBLISHING

讀 者 服 務 卡

您買的書是：_____

生日：_____年_____月_____日

學歷：□國中　　□高中　　□大專　　□研究所（含以上）

職業：□軍　　　□公　　　□教育　　□商　　　□農

　　　□服務業　□自由業　□學生　　□家管

　　　□製造業　□銷售員　□資訊業　□大眾傳播

　　　□醫藥業　□交通業　□貿易業　□其他_____

購買的日期：_____年_____月_____日

購書地點：□書店 □書展 □書報攤 □郵購 □直銷 □贈閱 □其他

您從那裡得知本書：□書店　□報紙　□雜誌　□網路　□親友介紹

　　　　　　　　　□DM傳單　□廣播　□電視　□其他

您對本書的評價：(請填代號 1.非常滿意 2.滿意 3.普通 4.不滿意 5.非常不滿意)

　　　　　　　內容_____ 封面設計_____ 版面設計_____

讀完本書後您覺得：

1.□非常喜歡　2.□喜歡　3.□普通　4.□不喜歡　5.□非常不喜歡

您對於本書建議：

感謝您的惠顧，為了提供更好的服務，請填妥各欄資料，將讀者服務卡直接寄回
或傳真本社，我們將隨時提供最新的出版、活動等相關訊息。
讀者服務專線：(02) 2228-1626　讀者傳真專線：(02) 2228-1598

實例 7

財政部關於印發《關於加強國有金融企業
集中採購管理的若干規定》的通知
財金〔2001〕209 號

各省、自治區、直轄市、計畫單列市財政廳（局），有關金融企業：

　　為了規範國有金融企業的集中採購行為，提高採購資金的使用效益，我部制定了《關於加強國有金融企業集中採購管理的若干規定》，請認真遵照執行。執行中有甚麼問題，請即時與我們聯繫。

附件：關於加強國有金融企業集中採購管理的若干規定

財政部

2001 年 10 月 25 日

——摘自《中華人民共和國對外貿易經濟合作部文告》

3.5　中國常用行政公文一覽表

類別	作用	文種	特點	實例
指令性公文	發布政策、下達命令、知照執行	命令：發布令、行政令、嘉獎令、任免令	强制執行，僅中央一級機關有權發布	《中華人民共和國對外貿易經濟合作部令2001年第29號》
		決定：部署性決定執行、知照性決定、獎懲性決定	受文者須認真執行，各級機關有權使用	《全國人大常委會關於修改專利法的決定》
		指示	對下級單位具體事項的指導意見	《中國人民銀行總行關於加强旺季發行基金調撥工作的指示》
		批覆	對下級單位請示文件的回覆意見	《國務院關於向外國政府貸款還款擔保問題的批覆》
		通知：指示性通知、轉發性通知	受文者須遵照執行，各類機構均可使用	《對外貿易經濟合作部關於編制2002年度外商投資企業進出口計畫的通知》
知照性公文	告知事項、發布命令、要求照辦	公告：重要事項公告、法定事項公告	僅中央一級機關有權發布	《中華人民共和國全國人民代表大會公告》
		通告：法規性通告、事務性通告	各級政府、主管部門均可使用	《中國人民銀行關於新版人民幣五十元券和五角券的通行》
批請性公文	匯報工作、問題請示、提出建議	報告	向上級主管部門匯報有關事項	《商業部、國家物價局、財政部關於取消農業用柴油價格補貼問題的報告》
		請示	請示上級主管部門批准有關事宜	《國務院證券委員會關於停止鋼材、食糖、煤炭期貨交易的請示》

4. 常見的幾種法規類文件

中國「入世」後，將會對所有有關的法律法規類文件進行調整和修訂。常見的法規類文件必定更符合世貿組織規則的要求。

4.1　法規類文件的特點

（1）中國行政機關常用的法規類文件的文種主要包括：條例、規定、辦法、細則、條令、制度等。

（2）這類文件常用於對現行或預備推行的法律和法規作出相關具體的實施措施或補充說明。

（3）通常是由政府各級部門以「命令」、「決定」及「通知」等公文的形式發布或轉發，知照有關單位執行（詳見實例1與實例6）。

4.2　閱讀法規類文件值得注意的幾個問題

（1）發文權限

法規類文件所具有的強制性和約束力，是依據發文機關的法定權限而確定的。

按照《中華人民共和國憲法》和有關法規的規定：

● 全國人民代表大會及其常務委員會制定法律、法規；

● 國務院制定行政法規；

● 國務院各部委機關制定行政規章；

● 省、直轄市的人民代表大會及其常務委員會制定地方法
規；

● 縣以上人民政府（包括各級行政部門）制定地方行政規
章。

（2）**有效年限**

這類文件如：「暫行規定」、「暫行辦法」的有效年限，沒
有具體的時間界定。有些文件實施長達數年，甚至更長的時
間。但是，當一個新的文件頒布實施的同時，該項文件將會對
前一項文件作出「同時廢止」的說明。

（3）**文件具有連續性**

常見以下兩種情況：

● 在頒布一項新文件的同時，廢止前一項文件；

● 僅對前一項文件的部分內容作出修改。

有鑒於此，為掌握其政策的連續性，閱文者在閱讀一項新
文件的時候，有必要參考前一項文件的內容。

（4）**文件的解釋權限**

一般在文件的末尾條款中，會注明文件的解釋權歸屬機
關。若文中未作注明時，可參考以下兩種情況：

● 文件中所指出的「誰」有權制定本項文件的實施細則，
則「誰」就具有解釋權；

● 文件正文的落款機關，具有解釋權。

4.3　常見的法規類檔案名稱解釋

（1）條例

條例是根據某項法律、法令或規定制定出具體實施辦法或調整措施的輔助性文件，具有強制性和約束力。

（2）規定

規定是針對特定範圍內某項工作或有關問題制定出具有強制性和約束力決定的文件。

（3）辦法

辦法是對某一條例、規定或某項工作提出具體實施意見和措施的規範性文件。

（4）細則

細則是根據有關條例、規定、辦法制定出詳細的實施辦法和補充性說明的文件。

第 4 章　貿易文書

1. 貿易函件

貿易函件是用於交流貿易資訊和處理各種營銷事務的信函，可起到互通資訊、建立貿易關係、推銷或促銷產品，以及處理貿易糾紛等作用。

1.1 貿易函件的種類

貿易往來函件的種類較多，常用的有以下幾種：

（1）建立商務關係函（見實例1）。

（2）詢價函（見實例2）。

（3）報價函（見實例3）。

（4）催款函（見實例4）。

（5）索賠函（見實例5）。

（6）理賠函（見實例6）等。

1.2 貿易函件的格式與內容

（1）函件編號、收件人（須列明收件人姓名、職銜及公司名稱）。

（2）正文（包括開頭、具體事項）。

（3）結束語、落款及敬語。

（4）附件（與函件有關的其他文件）。

1.3　貿易函件寫作要點

(1) 貿易函件使用的詞句一般都較淺白易懂、精鍊平實、態度誠懇、直截了當。同時為使函件顯得穩重得體，可用一些文言詞和書面語，如「貴」、「茲」、「獲悉」、「見覆」、「為荷」等。

(2) 盡量一函一事，使函件主旨突出，使對方盡可能以最快速度、集中精力辦妥一件事。

(3) 注意函件中不要夾雜外來語或中國不通用的外文譯名（如不能準確把握中文譯名時，最好附上外文原文），以免造成誤會甚至差錯。

(4) 關於具體業務的函件如詢價、報價等，若能直接寄送業務主管或部門經理，則可提高辦事效率。

實例 1（初次接洽）

編號：××××

××省電子進出口公司：

　　本公司作為××公司的板卡、套裝整機等産品在遠東地區的特約經銷商，已有十多年的歷史，産品銷往二十個國家和地區，享有良好的聲譽。最近從廣告上得知　貴公司經營計算機整機及零部件産品的進出口業務，故特修函徵詢　貴司是否有興趣與我方合作。

　　茲寄上我司簡介、産品目錄和價目表，以供　貴方研究之用。

　　如　貴公司對我司上述産品有興趣，請來函聯繫為盼。

聯絡人：×××小姐

電話：××××××××

傳真：××××××××

××貿易有限公司經理

×××　謹啓

××××年×月×日

實例 2（詢價）

編號：××××

××進出口公司

××經理：

　　本公司須購買 45"× 5"× 1/2" 切紙刀一萬台。　貴公司是否能供應這一特殊規格的切紙刀？

　　如　貴司能供貨，請於五天內報價，並望告最低訂購數量限額。

　　速覆為盼！

香港××××公司經理

×××　謹啓

××××年×月××日

實例 3（報價）

編號：××××

××省電子進出口公司

×××經理：

感謝 5 月 3 日的詢價。按照　貴公司的要求，現將　貴司所需產品報
價如下：

型號	規格	單價（ＣＩＦ天津）
486D × 4/100	4M,640M,.28 彩顯	×××美元
4 × 86/133	4M,850M,.28 彩顯	×××美元
付款條件：不可撤銷即期信用證		
裝運：收到信用證後四個星期內		

本報價以我方最後確認為準。望　貴公司能接受我方報價，盼覆。

順頌

商祺！

香港××××公司

×××　謹啓

××××年×月×日

實例 4（催付貨款）

編號：××××

××進出口公司：

　　本公司自去年秋季廣交會與　貴司再次簽訂了十萬箱藍海牌香皂的合同之後，我司已按合同的時間發貨。但此次　貴司卻沒有按合同時間的要求支付貨款。

　　本公司相信，　貴司作為我方長期合作的老客戶，一定會有足夠的理由說明為何自 11 月以來一直未曾付款的原因。但遺憾的是　貴司迄今未向本公司做出任何說明。

　　鑒此，希望　貴司盡快就此事給予答覆。

　　順祝

商安！

×××日化保健品有限公司

（蓋章）

××××年×月××日

實例 5（索賠）

編號：××××

××進出口公司：

　　貴司按 L/C 96130 號信用證項下出口德國的兩萬套軸承已運抵漢堡港。我司發現其中五千套軸承已銹蝕損壞。現隨函附上客戶所拍攝的該批貨物照片五張，以及××檢驗公司的商品檢驗報告一份，以供　貴司核驗。

　　鑒此，我方向　貴司提出索賠要求，已受銹蝕損壞的五千套軸承須按原價格 50% 的折扣價賠償。

　　我們雙方一直以來有着良好的貿易關係，因此，我方相信　貴司會對這起索賠事件做出迅速處理，以利今後長期的合作。

　　候覆！

附件：（略）

××國際有限公司

（蓋章）

××××年×月×日

實例 6（仲裁申請）

仲裁申請書

中國國際經濟貿易仲裁委員會：

申請人：香港××貿易公司

　　　　法人代表：×××

　　　　地址：××××××

被訴人：××進出口公司

　　　　法人代表：×××

　　　　地址：××省××市××××

　　　申請人與××進出口公司於×年×月×日簽署了一份產地交貨合同（見附件），由於賣方違約，引起爭議。為此，特向　貴會提請仲裁。現將仲裁要求及所依據的事實和理由分述如下：

一、仲裁要求：

　　（1）被訴人賠償因違約造成我方損失（貨物折價）×××萬美元。

　　（2）仲裁費由被訴人負擔。

二、事實和理由：（略）

　　仲裁員擬請仲裁委員會主任代為指定。

　　仲裁手續費預付港幣××萬元，另行匯上。

　　以上申請，謹請　貴會早日開庭審理。

　　　　　　　　　　　　　　　　　香港××貿易公司

　　　　　　　　　　　　　　　　　（蓋章）

　　　　　　　　　　　　　　　　　××××年×月×日

附件：（略）

2. 貿易合同（協議書）

2.1　在中國訂立貿易合同須注意的幾個問題

（1）合同簽字人必須為合同雙方的法定代表人，或得到法定代表人的授權，否則，合同仍屬無效。

（2）中國的貿易公司一般都經政府審批機關審定，並經工商行政管理部門註冊而限定了其經營範圍，所以合同內容不應超出中方經營範圍。但隨着中國入世後，除了國家限制經營的少數商品外，公司的經營範圍大都不受嚴格限制。

（3）合同用詞必須嚴謹規範，對各方的權利、義務和責任等主要內容的陳述必須明確具體，以免日後若發生爭端或糾紛時，難以得到調解或仲裁。

（4）國家有關行政管理部門雖然制定了多種合同範本，可供參照使用，但仍應按具體的交易情況，對合同條款逐一予以充分洽商。

2.2　進出口貿易合同

（1）進出口貿易合同的特點

a. 中國的進出口貿易合同一般採用中英文對照的方式書寫，內容與國際慣用的合同相類似。

b. 與中國公司訂立的進出口貿易合同，其中一方必須是經國家有關部門批准具有進出口經營權的公司，否則屬無效合同，不受中國法律保護。

（2）**進出口貿易合同的主要內容**

  a. 合同標題、編號、訂立日期、簽約雙方的國別、名稱及
   地址。

  b. 貨品的全稱。為避免對品名產生歧義，應採用標準名
   稱，勿用俗名或方言。

  c. 貨物品質。確立貨物品質有兩種方法：

   i) 憑樣品：一般應在合同中寫明「樣品一式三份，買賣
    雙方各存一份；商檢（或公證）機構一份」；

   ii) 憑文字與圖樣：可選擇以下任何一種方式：

    ・在合同裏列出貨物規格、等級或標準；

    ・憑貨品說明書，並在合同裏注明該說明書是合同不
    可分割的部分，注明貨物的商標、品牌或產地。

  d. 貨物數量。列出貨物數目、計量單位及計量方法。

  e. 價格。使用國際通用的價格條件。

  f. 包裝條件。須注明包裝種類、用料、包裝方式、規格、
   包裝費用由何方負擔，及運輸標誌等；另外，還須注意
   包裝材料的環保問題。

  g. 裝運。應逐一注明運輸方式、裝運時間、裝運方式、裝
   運地、目的地、裝運通知及單據等。

  h. 保險。須說明由何方負責投保及支付保險費、投保類別
   和投保金額。

  i. 支付。包括支付手段及支付方式。

  j. 商檢。包括商檢機構名稱、檢驗證書名稱、檢驗權與覆
   驗權、檢驗和覆驗的時間和地點、檢驗標準與方法等。

k. 索賠。包括索賠的期限、方式及依據等。

l. 不可抗力。應訂明不可抗力事故的範圍和後果,以及通知對方的義務等。

m. 仲裁。包括仲裁地點、機構、程序、規則及裁決的效力等。

n. 法律適用。一般應明確「本合同適用××國法律」。

o. 合同的份數及保存方式、使用的文字、簽約地點、法定代表人簽名及雙方名稱、蓋章。

2.3 補償貿易合同

(1) 補償貿易合同的特點

a. 由於中國將補償貿易作為一種利用外資的方式,因而補償貿易合同須經過當地外經貿主管部門批准後方能生效。

b. 補償貿易合同通常另附有兩個合同,作為附件。

  i) 設備進口合同:詳細訂明各類機械設備情況;

  ii) 補償商品供貨合同:具體訂立償付商品的品種、數量、價格、交貨期限等。

c. 簽訂補償貿易合同的中方如不具有進出口經營權,則須委託進出口公司代為簽約。

(2) 補償貿易合同的主要內容

a. 合同標題、編號、訂立日期、簽約雙方的國別、名稱、地址。

b. 外方提供設備的型號及數量。

c. 用於償還設備價款的產品。

d. 支付條件與方式。

e. 償還期限：應訂明開始償還的時間和每批償還的時間及數量。

f. 計價貨幣和作價標準。

g. 技術服務：訂明在設備安裝、調試等過程中出現的技術問題及由此而產生的費用由何方負責。

h. 保險、違約責任、履約保證、合同條款的變更、不可抗力、仲裁。

i. 合同的份數及保存方式、使用的文字、簽約地點、法定代表人簽名、雙方名稱及蓋章。

2.4　加工裝配合同

（1）加工裝配合同的特點

a. 中國將加工裝配作為一種利用外資的方式，因而加工裝配合同須經當地外經貿主管部門批准後方能生效。

b. 簽訂加工裝配合同的中方如不具有進出口經營權，則須委託進出口公司代為簽約。

（2）加工裝配合同的主要內容

a. 合同標題、編號、訂立日期、簽約雙方的名稱及地址。

b. 加工裝配項目的內容：包括委託方提供的原材料、輔料、零部件、元器件、配套件、包裝物料和設備，以及經被委託方加工後成品的名稱、規格、數量、重量、價格、包裝、原產地等。

c. 交付料件、設備和加工成品的數量、時間、進出口岸、運輸方式、用料定額及損耗率。

d. 加工費標準。

e. 付款方式。

f. 技術培訓。委託方向加工裝配廠派遣專家和培訓人員的數目、時間、任務及費用。

g. 運費、保險費。

h. 質量檢驗。規定加工裝配廠或委託方對所收料、件及對加工成品進行驗收後，雙方對存在的質量問題進行補救的措施。

i. 合同有效期限、違約、撤約、索賠、仲裁。

j. 合同的份數及保存方式、使用的文字、簽約地點、法定代表人簽名及雙方名稱、蓋章。

2.5　貨物買賣合同

（1）中國貨物買賣合同的特點

a. 貨物買賣合同，在中國慣稱為貨物購銷合同。

b. 中國目前尚未制訂專門的貨物買賣合同法，對貨物的概念亦無明確的法律界定。對於貨物買賣合同的訂立規則散見於多部法律、法規，如《經濟合同法》、《涉外經濟合同法》、《民法通則》、《工礦產品購銷合同條例》以及《農副產品購銷合同條例》等（要核實這些法規的最新版本）。但是，由於這類法律、法規帶有比較濃厚的計畫經濟色彩，與現時的商貿活動已不相適應，因此中國

工商界在制訂貨物買賣合同時，除遵守上述法律規定的基本原則之外，對合同格式及內容的要求都比較靈活（詳見實例 7）。

c. 按有關法律規定，有些物品是不能作為買賣對象的，如土地、國家保護文物、軍用物資等，因而這些物品的買賣合同屬於無效合同。

（2）**中國貨物買賣合同的主要內容**

a. 合同的標題、編號、簽約日期、地點、簽約雙方的國別、名稱及地址。

b. 產品名稱、品種、規格和質量。

c. 產品的數量和計量單位、計量方法。

d. 包裝標準和包裝物的供應與回收。

e. 交貨方法、運輸方式、到貨地點及運輸費用的負擔。

f. 交貨期限。

g. 價格與貨款的結算。

h. 驗收方法。

i. 對產品提出異議的時間和辦法。

j. 甲方的違約責任。

k. 乙方的違約責任。

l. 不可抗力。

m.仲裁、合同生效、合同份數、保管方式。

n.雙方名稱、銀行帳號、法定代表人簽名。

實例 7

貨物購銷合同

編號：＿＿＿＿＿＿＿＿＿＿＿＿＿＿＿＿

簽約日期：＿＿＿＿＿＿＿＿＿＿＿＿＿

簽約地點：＿＿＿＿＿＿＿＿＿＿＿＿＿

＿＿＿＿＿＿＿＿＿＿＿＿ 公司（以下簡稱甲方）

地址：＿＿＿＿＿＿＿＿＿＿＿＿＿＿＿＿＿＿＿＿＿

＿＿＿＿＿＿＿＿＿＿＿＿ 公司（以下簡稱乙方）

地址：＿＿＿＿＿＿＿＿＿＿＿＿＿＿＿＿＿＿＿＿＿

經甲乙雙方協商，就乙方向甲方出售 ＿＿＿＿＿ 產品 ＿＿＿＿＿ 噸的有關事宜，達成一致意見，特訂立本合同，條款如下。

一、品名：＿＿＿＿＿。

二、數量：＿＿＿＿＿。

三、價格：每噸 ＿＿＿＿＿ 人民幣。

四、品質規格：乙方交甲方的 ＿＿＿＿＿ 產品必須附有當地有關部門出具的 ＿＿＿＿＿ 年生產的證明書及品質、規格檢驗單。

五、包裝：包裝費用由乙方負責，每包淨重 ＿＿＿＿＿ 公斤。

六、交貨期限：＿＿＿＿＿。

七、交貨地點及費用劃分：＿＿＿＿＿ 站車廂交貨，＿＿＿＿＿ 倉內秤重、驗質，交貨前一切費用由乙方負責。

八、驗收：如發現貨物品質或包裝不符合同要求，甲方可以拒收，由此產生的損失均由乙方負責。

九、貨款結算：甲方應負擔按實收數 ＿＿＿＿＿％以內的合理損耗。

十、乙方在貨物起運前必須將合同編號、起運日期、發貨和到貨地、貨量等電報甲方。

十一、不可抗力（略）。

十二、仲裁（略）。

十三、本合同一式兩份，雙方各持一份，自簽字蓋章之日起生效，具同等效力。

十四、本合同未盡事宜，須經雙方友好協商解決。

甲方：××××公司（蓋章）　　　乙方：××××公司（蓋章）

代表：　　　　　　　　　　　　　代表：

銀行帳戶：　　　　　　　　　　　銀行帳戶：

2.6　銷售代理合同

（1）銷售代理合同的特點

　　中國有關的經濟合同法對銷售代理合同當事人的權利和義務未制定具體的規則，只有《民法通則》對一般的代理關係作了簡單規定，因而銷售代理合同除遵守《民法通則》外，一般都依照國際通行的作法制訂（詳見實例 8）。

（2）銷售代理合同的主要內容

　　a. 合同當事人。委託人（被代理人）和代理人的名稱、地址。

　　b. 代理的性質。

　　c. 代理的權限範圍。包括商品名稱、商標、指定地區、期限、專營權等。

　　d. 最低代銷額。

　　e. 售價的確定和調整。

　　f. 委託人的責任。

　　g. 代理人的責任。

　　h. 佣金。

　　i. 反饋資訊。即規定代理人應定期向委託人提供商品銷售的市場動態、廣告宣傳、保護商標等情況。

　　j. 廣告宣傳和費用的負擔。

　　k. 委託人保留的權利。

　　l. 不可抗力。

　　m. 合同的終止。

　　n. 爭議的解決。

　　o. 合同的生效、文本、文字、附件等。

實例 8

代理協議書

中國××進出口公司××分公司與香港××公司本着平等互利的原則，通過友好協商，達成代理協議如下：

1. 中國××進出口公司××分公司（以下稱「被代理人」）指定香港××公司（以下稱「代理人」）為被代理人的產品光明牌活性碳（以丸球、粉末、碎屑狀）在泰國、印度銷售的唯一代理人。

2. 雙方同意在本協議的有效期限內，被代理人不得向上述地區的任何其他實體提供本協議約定的商品，而代理人亦不得從任何其他公司進口同一產品在上述地區銷售。

3. 代理人同意每年至少銷售×××公噸活性碳。具體的銷售數量、規格、交貨安排、價格、付款條件、包裝等，以每份成交合同或定單規定為準。

4. 為便於被代理人準備和交付貨物，代理人應在每一次裝貨前至少六十天內向被代理人提交定單。

5. 為了讓被代理人保持了解上述地區的市場行情，代理人每年應向被代理人提交一份市場報告。

6. 本協議自簽字之日起生效，有效期為兩年，期滿後可自動延期一年。若任何一方提出終止本協議，須在期滿前一百二十天內書面通知對方。

7. 本協議書一式兩份，由協議雙方各執一份，具同等效力。

被代理人：中國××公司××分公司　　　代理人：香港××公司
代表：（簽字蓋章）　　　　　　　　　　代表：（簽字蓋章）

＿＿＿＿年＿＿月＿＿日於＿＿＿＿市

第5章 投資事務文書

　　中國政府制定了以產業政策、地區政策、稅收政策、技術開發區政策及金融政策等方面為主體的鼓勵外商投資政策體系。

　　在入世之後，中國將在三至六年內有序地放寬外資進入的產業領域，取消投資地域及投資股權比例的限制，對外商投資企業逐步實行國民待遇。

1. 在中國申辦投資項目之前須注意的幾個問題

（1）投資事務文書如合同、章程等，是投資者按照中國的法律、法規制訂的法律文件。故投資者應事先充分熟悉有關的法律、法規，審慎制訂這些文書，以免其中某些條款因不符合法律的規定，致使投資的利益得不到應有的保護。

（2）國家行政管理部門雖對投資事務文書制訂了統一的參考格式，供投資者索取參考，但因項目的產業、規模、合作方式的不同，投資者毋需機械地照搬這些格式，而應把握項目自身的特點去制訂。

（3）國家的投資政策是基本一致的，但各地區有時會採取一些變通的作法，因此，投資者在了解當地的特殊規定或靈活措施的同時，更應遵守國家有關的投資法律、政策及規定。

（4）申辦合資、合作投資項目的有關手續雖是由中方負責的，但投資者也應隨時關注申辦的進展情況。

（5）如投資者認為有必要委託仲介機構代辦申報手續時，應事先查實該機構是否具備應有的資格、能力和職業道德。

（6）中國政府對合資合作企業的設立審批期限作了明確規定。以收到申請者全部申請文件之日起計算。對合資企業的審批在三個月內，對合作企業在四十五天內，審批機關必須決定批准與否。對外資（獨資）企業在九十天內，審批機關必須決定批准與否。投資者可據此追蹤申辦的進展情況。

2. 設立外商投資企業的申報程序

在論及投資事務文書之前，了解設立企業的申報程序是十分必要的。這裏介紹的投資申辦程序，是目前中國普遍的作法。

對外加工裝配業務的審批程序圖

由有進出口權的商務代理（指外貿、工貿、加工裝配服務公司等單位）與加工企業共同和外商洽談，簽訂加工貿易合同（協定）。

由商務代理或加工企業的主管部門向當地外經貿主管部門申報。

所需文件：由商務代理填報的「加工貿易業務（合同）批准證申請表」；加工企業生產能力證明；對外加工裝配合同（協定）；加工企業營業執照（影印本）；涉及環境污染的專案須出具環保部門審核意見。

加工貿易合同（協定）批准後，加工企業持批文到當地工商行政管理局申領「對外加工裝配特許營業執照」。

持執照到當地經營外匯業務的銀行開戶。

持執照、合同及批文到當地海關申領《對外加工裝配和中小型補償貿易進出口貨物登記手冊》。

申請設立中外合資、合作企業程序及所需文件的流程圖

（以廣東省為例）

| I、申請立項 | 合資、合作各方經洽談達成合作意向後，由中方向當地計畫委員會或經濟貿易委員會報送其專案建議書。 | **所需文件**：經中方主管部門審查同意的專案建議書；初步可行性研究報告；合資合作各方簽署的意向書或協議書；外方資信材料。 |

| II、報批可行性研究報告 | 在專案建議書批准後，合資、合作各方共同編製專案可行性研究報告，由中方報送當地計畫委員會或經濟貿易委員會審批。 | **所需文件**：中方主管部門的申報文件；合營各方簽署的可行性研究報告；合營協議書或草簽合同書；中方出資資金來源證明書；銀行出具的外商資信證明書。 |

| III、報批合同、章程 | 在可行性研究報告批准後，投資各方簽訂設立企業的合同、章程等法律文件，由中方向所在地的對外貿易經濟合作主管部門報送審批。 | **所需文件**：中方主管部門的申報文件；專案可行性研究報告及批准文件；經省或市工商行政管理局批准的企業名稱登記申請表；環保、消防、衛生、土地管理部門對該專案的意見；合營各方營業執照及法定代表證明書；由合營各方法定代表簽署的合同；章程；董事會名單。 |

| IV、申領批准證書 | 在合同、章程批准後，中方向所在的省或市對外貿易經濟合作主管部門申領批准證書。 | **所需文件**：有關審批機構的批文（包括專案建議書、可行性研究報告、合同、章程）的批覆；經審批機構批准的專案建議書；可行性研究報告；合同；章程；董事會名單。 |

| V、註冊登記 | 在領取審批機構頒發的批准證書後，應在三十天內到所在的省或市工商行政管理局申領營業執照。然後，向當地公安、技術監督、稅務、海關、財政、外匯管理、銀行、保險、商檢等部門辦理公章、企業代碼、稅務、財政、銀行開戶、報關等手續。 |

＊說明：上述審批程序既適用於生產性企業的設立，也適用於服務性企業的設立。

申請設立外資（獨資）企業程序及所需文件流程圖

Ⅰ、提交初步申請報告	外國投資者在提出設立外資企業前，應向擬設立企業所在地的縣級或縣級以上外經貿主管部門提交報告。	**報告內容**：設立外資企業的宗旨、經營範圍、規模、生產產品、使用技術設備、用地面積及要求需要用水、電、煤氣或其他能源的條件及數量，以及對公共設施的要求等。
Ⅱ、正式提出申請	外國投資者在獲得政府的書面批覆後，持所需文件向所在的縣市或省外經貿主管部門申報。	**所需文件**：設立外資企業申請書；可行性研究報告；外資企業章程；企業法定代表人（或董事會名單）；外國投資者的法律證明文件和資信證明文件；需要進口的物資清單；擬設立外資企業所在地的縣級或縣級以上審批機構的書面答覆；經省或市工商行政管理局批准的企業名稱登記申請表；環保、消防、衛生、土地管理部門對設立專案的意見；兩個或兩個以上外國投資者共同申請設立外資企業，還應將其簽訂的合同副本報審批機關備案。
Ⅲ、申請批准證書	在正式申請批准後，外國投資者憑所需文件到所在的縣市或省外經貿主管部門申領批准證書。	**所需文件**：外資企業申請表；可行性報告；企業章程的審批文件及經審批的外資企業申請表；可行性研究報告；章程；董事會名單。
Ⅳ、註冊登記	領取批准證書後，應在三十天內到省或市工商行政管理局申領營業執照。領取營業執照後，向當地公安、技術監督、稅務、海關、財政、外匯管理、銀行、保險、商檢等部門辦理公章、企業代碼、稅務、財政、銀行開戶、報關等手續。	

3.申請辦理投資項目的必備文件

　　申請辦理投資項目的必備文件在各地的政府管理部門均備有參考格式，投資者可前往索取。企業在申請辦理投資項目的各個步驟中，須製備和提交的文件如下：

（1）**申報立項的必備文件**

- 項目建議書；
- 合作意向書（協議書）；
- 外商資信調查情況表；
- 主管部門批覆意見。

（2）**名稱登記的必備文件**

- 中方主管部門批文；
- 外商投資企業名稱登記申請書；
- 立項批准文件（無立項者可免）；
- 項目建議書（或可行性研究報告）；
- 雙方合法開業證明。

（3）**申報可行性研究報告、合同、章程的必備文件**

- 申請批准企業的報告；
- 中方主管部門批文；
- 企業名稱登記證；
- 立項批准文件（無立項者可免）；
- 可行性研究報告（合營各方簽署）；
- 合同（外資／獨資）企業須報「外資企業申請表」）；

- 章程；
- 董事會名單；
- 場地使用證明；
- 進口物資清單；
- 銀行資信證明函；
- 環保、衛生、消防、土地管理等部門意見函；
- 中外雙方法定代表人身分證件及證明書；
- 其他附件（雙方法人註冊文件、技術轉讓、商標使用合同等）。

(4) **申領批准證書的必備文件**
- 經審批機關批准的上述文件（包括可行性研究報告、合同、章程、董事會名單等）及其批覆意見。

(5) **辦理工商註冊登記的必備文件**
- 外商投資企業申請登記表；
- 審批機關的批准證書及批覆意見；
- 合同（外資／獨資企業可免）；
- 章程；
- 可行性研究報告。

(6) **辦理企業代碼的必備文件**
- 營業執照副本；
- 「全國組織機構代碼申報表」。

(7) **辦理海關登記的必備文件**
- 主管機關批准的「中華人民共和國外商投資企業批准證書」及影印本；

- 外經貿廳（局）或其授權部門核發的關於合同、章程的批覆及影印本；
- 營業執照副本及影印本（須到工商局加蓋執照影印專用章）；
- 合同；
- 章程；
- 銀行資信證明（列明帳號、存款金額及資金往來情況）；
- 「自理報關註冊登記申請書」和「報關員證登記申請表」（向海關索取）；
- 海關存查的報關專用章印模及報關員簽章。

（8）**辦理銀行開戶的必備文件**

- 開辦帳戶申請表；
- 企業法人代碼證書正本；
- 營業執照副本；
- 會計證；
- 法人代表身分證（護照）。

（9）**辦理稅務的必備文件**

- 外商投資企業稅務登記表；
- 營業執照；
- 批准證書；
- 審批機關批准文件；
- 可行性研究報告；
- 合同（外資企業可免）；

- 章程；
- 法人代表身分證（護照）；
- 企業代碼證；
- 銀行帳號證明；
- 企業帳務印章；
- 企業所在地址圖。

注：以上既適用於合資、合作的生產性企業，也適用於服務性企業。

4.怎樣製備投資事務文書

在製備投資事務文書時，投資者可向當地政府管理部門索取相關文書的參考格式。參照這些格式，並根據擬投資項目的具體條件、要求及企業（合資、合作、獨資）的性質，對其中的內容加以增減。因此本章不再一一列舉實例作為示範；而僅以合資經營企業為例，詳細介紹如何製備項目建議書、可行性研究報告、合同及章程等。

4.1　怎樣編製項目建議書

（1）項目建議書

項目建議書是由合營雙方在初步可行性研究的基礎上，對擬投資項目的必要性和可行性作出初步分析的報告，是投資者申報設立項目的第一份文件。

（2）編製項目建議書的目的

編製項目建議書旨在通過呈報當地政府發展計畫委員會，

使預定投資的項目得到該委員會的確認並獲得法律的承認。

（3）**項目建議書的主要內容**

a. 項目名稱、舉辦地點、項目負責人。

b. 中外方合營單位：包括名稱、法人代表、註冊地址、中方主管單位等。

c. 合營雙方的概況：

　i) 中方的基本情況，包括資信、廠房、設備、工藝、技術、生產能力、產品及人才等；

　ii) 外方的基本情況，包括資信、經營管理、技術實力、經營產品、銷售能力、人才及對合營的態度等。

d. 對合資項目的初步分析：

　i) 項目所屬行業在中國外的生產技術狀況，對該行業發展的作用、合資的年限、模式、規模、生產能力、產品銷售、內外銷比例；

　ii) 合資的背景、可能性、必要性、主要技術及設備；

　iii) 主要原材料、水、電、氣及運輸；

　iv) 建設性質，是新建還是老廠技術改造（如屬改造，應說明：改造內容、步驟、生產管理及產品技術的改進設想；人員安排，包括多餘人員的安置、多餘設備的處理等）、國產化計畫及實施時間安排；

　v) 投資估算，包括總投資額、雙方投資的比例、註冊資本、資金來源及外匯平衡；

　vi) 各方承擔的義務和責任、人員構成、數量及來源；

　vii) 初步經濟技術和風險分析，包括：經濟效益、社會效

　　　益、技術效益、風險、應變措施及結論性意見；

　viii) 尚需有關部門確認或幫助解決的問題（如項目涉及的
　　　許可證、配額等）。

（4）**須注意的幾個問題**

　a. 由於編製項目建議書的目的僅在於爭取項目得到確認，
　　因此，這個階段的可行性研究不必太具體，僅對項目投
　　資做初步的估算即可。

　b. 重點應放在對項目投資的產業分析上（可參照 1998 年 1
　　月 1 日實施的中國《外商投資企業指導目錄》），看其是
　　否符合國家或當地的產業政策，是否會為該產業增添先
　　進技術、設備和管理，並能生產出中國外市場需求的產
　　品。）

　c. 企業向計委申報項目建議書之前，須經中方主管部門審
　　查同意。因此，在編製建議書的過程中，如事先主動徵
　　求中方主管部門的意見和建議，便可得到必要的支援與
　　幫助。

　d. 另外，企業在呈報建議書時，應附上完整的資信資料，
　　便於主管部門及審批機關對投資有充分了解，以求得到
　　盡早批覆。

（5）**哪些項目須申報立項審批**

　a. 按國家規定，屬於新建立的項目均須立項。

　b. 屬於特種行業的項目。

　c. 屬於國家限定投資或專營的項目。

　d. 屬於須配置土地資源的項目。

4.2 怎樣編製可行性研究報告

（1）可行性研究報告

可行性研究報告是投資雙方在立項之後，從經濟效益、管理與技術和社會效益等諸方面，對項目的前景作進一步可行性研究與論證，並制訂最佳投資方案的報告。是合營各方簽訂合同、章程及項目實施的主要依據。

（2）呈報可行性研究報告的目的

呈報可行性研究報告旨在呈報政府審批機構對投資項目的可行性進行最終評估，以使項目獲得政府的批准。

（3）可行性研究報告的主要內容（以生產型合資企業為例）

a. 總論：

　　i) 合資企業名稱、法定地址、宗旨、經營範圍；

　　ii) 合營各方名稱、註冊國家、法定地址和法定代表的姓名、職務、國籍（中方要注明其主管部門）；

　　iii) 合資企業投資總額、註冊資本、各方出資比例、出資方式、股本繳付期限；

　　iv) 合營期限、各方利潤分配和虧損分擔比例；

　　v) 項目建議書的批准文件；

　　vi) 可行性研究報告負責人名單；

　　vii) 項目產生的背景、具備的條件；

　viii) 合營各方具備的條件。

b. 項目地址選擇方案。

c. 產品生產，包括中國外市場的需求，以及中國外已有的

　　　生產能力。

d. 技術、設備和工藝的選擇及其來源。

e. 物料供應（包括能源和交通等）。

f. 生產組織安排（包括職工總數、構成、來源）及經營管理。

g. 環境保護、勞動安全、衛生設施。

h. 建設方式、進度。

i. 資料收集（包括投資概算、經濟分析）。

j. 外匯平衡分析。

k. 綜合評估結論。

（4）**須注意的幾個問題**

a. 對投資專案進行可行性研究，編製可行性研究報告的重點，是為投資項目決策提供充分的經濟、技術、商務等方面的依據，選擇出「可行」或「不可行」的決策方案。

b. 若投資項目（大中型）屬產品需許可證、配額管理，或特種行業、專營性質，或對土地使用有特別要求時，可行性報告更應着重闡明投資項目的自有特點和優勢，如技術先進、市場潛力大、品牌優良、資金雄厚等。

c. 若項目涉及環保衛生等問題，須事先按有關規定制訂出切實可行的環保或相關措施。

d. 可行性報告的內容應與合資企業日後簽訂的合同、章程相一致，若出現不相符時，該報告應及時做出相應的修改。

4.3　怎樣制訂合同（以合資經營企業為例）

（1）合同的效用

合同是投資各方共同制訂的法律文件。它規定了各方的權利、義務和責任，是政府有關部門對合資企業進行審查及監督的依據。

（2）**合資企業合同的主要內容**

a. 合營各方的名稱、註冊地址、註冊國家、法人代表的姓名、職務和國籍。

b. 合資企業的名稱、法定地址、宗旨、經營範圍。

c. 合資企業的投資總額、註冊資本、各方的出資額、比例、方式、繳付期限。

d. 合營各方的利潤分配及虧損負擔比例。

e. 合資企業董事會的組成、董事名額的分配，以及總經理高級管理人員的聘用、解僱及他們的職權。

f. 企業所採用的主要生產設備、技術及原材料、燃料的來源。

g. 產品的內、外銷比例及銷售管道。

h. 外匯收支的安排。

i. 關於財務、會計、審計的原則。

j. 關於勞動工資、福利待遇、勞動保險、職工的僱用等事項的規定。

k. 合資企業的合營期限、解散以及解散時的清算程序。

l. 違反合同的責任及處理辦法。

m. 解決雙方爭議的方式和程序。

n. 合同文本所採用的文字和合同生效的條件。

o. 合同的有效期、簽訂的時間和地點、簽約方的印章及代表的簽名。

（3）**須注意的幾個問題**

a. 有關管理部門雖制訂了合同範本，但投資者仍應按項目的特點和要求審慎制訂，尤其應注意以下容易發生糾紛或爭議的條款：

　i）投資比例、繳付期限；

　ii）出資方式（以財產作為投資時，應注意其所有權的歸屬問題）；

　iii）利潤分配及虧損負擔；

　iv）董事會與組織機構；

　v）財會管理。

b. 企業簽訂合同時，簽署地須在中國境內，條款均應適合中國的法律，簽署的時間不能在可行性報告之前或章程之後。

c. 簽署合同的各方應具有法人地位，簽署者應是法人代表或持有法人代表授權委託書的人員。

d. 企業名稱一般不能冠以所在地地名如「廣州」、「廣東」或「中國」、「中華」等字樣。

e. 合同的仲裁一般應訂明在中國國內進行。

f. 因審批機構審批合同時只對中文本負責，若合同同時具有中文及外文文本時，企業應對其一致性負責。

g. 因合同涉及的問題較複雜，所以往往在總合同之外，還須訂立專門合同，作為總合同的附件，如技術轉讓合同、商標使用合同、產品銷售合同等。

4.4 怎樣制訂章程

（1）章程

章程是根據合同規定的原則，由投資各方共同訂立的法律文件。它規定了企業的宗旨、經營範圍、組織原則和經營管理方法等重要事項，並與合同一起作為政府有關部門對合資企業進行審查及監督的依據。

（2）合資企業章程的主要內容

a. 合資各方的名稱、註冊國家、法定地址、法人代表的姓名、職務和國籍。

b. 企業的名稱、法定地址、企業的性質。

c. 企業的宗旨、經營範圍、經營期限。

d. 企業的投資總額、註冊資本、合營各方的出資額、比例和方式、股東入股資金或股金轉讓的規定。

e. 合資企業各方的利潤分配和虧損負擔的規定。

f. 董事會的組成、董事名額的確定、董事會的職責範圍和議事規則、董事的任期和更換、董事長及副董事長的職責。

g. 合資企業管理機構的設置、辦事規則，以及總經理、副總經理和其他高級管理人員的聘用和解僱辦法。

h. 企業職工的僱用、工資待遇、福利、勞動保險、勞動紀

律、獎懲和解僱的原則和辦法。

i. 企業發展規畫的確定、批准以及實施。

j. 企業財務、會計、審計制度的原則、預算和決算報告的提出和審定。

k. 企業財產的處理權力和處置程序。

l. 企業的中止及終止、企業解散時的清算程序。

m.仲裁條款。

n. 章程修改的程序。

（3）**須注意的幾個問題**

a. 由於在中國的企業內設有工會組織，因此，合資企業章程涉及有關的管理制度條款時，須注意將工會組織及其在企業中的作用、職權加以明確規定；同時還要訂明企業職工的錄用、解僱、待遇及管理等條款。

b. 章程是在合同的基礎上制訂的，因此章程的內容須與合同相一致。

c. 除上述兩點外，其他可參照製備合同文書的注意事項。

4.5　怎樣製備工商登記申請文書

在經過審批機關批准之後，企業必須到工商行政管理部門申請設立登記，領取企業法人營業執照或營業執照之後，方可對外營業。

（1）**申請設立登記的程序和提交的文件**

申請工商登記之前，股東必須繳足投資款額，並經法定的驗資機構驗資之後，由全體股東指定的代表或共同委託的代理

人向工商行政管理局申請設立登記。

申請設立登記時，應提交公司登記申請書、批准文件、公司合同、章程、驗資證明、主要管理人員和技術人員名單、經營場所產權證（租賃合同）等。

（2）**設立登記申請書的基本內容**

a. 申請設立企業法人申請書應包括以下內容：

- 企業名稱；
- 企業住所；
- 經營場所地址；
- 法定代表人情況；
- 企業性質；
- 註冊資本；
- 經營期限；
- 經營範圍；
- 從業人數；
- 分支機構等。

b. 申請設立非法人企業（或經濟組織）申請書應包括以下內容：

- 企業法人設立的不能獨立承擔民事責任的分支機構，以及其他從事經營活動但不具備法人資格的企業或組織，應申請營業登記。

登記的主要內容有：

- 企業名稱、地址、場所、負責人；
- 經營範圍、經營期限；

● 經濟性質、隸屬單位；

● 從業人數等。

（3）**實例說明**

　　工商行政管理部門備有統一的申請書表格，供申請登記的企業索取填寫，故在此不再舉例。

4.6　怎樣製備稅務登記申請文書

　　從事生產、經營的納稅人自領取營業執照之日起三十日內，應持有關證件、文件，向當地稅務機關申報辦理稅務登記。稅務機關審核後發給稅務登記證件。

　　申報辦理稅務登記須提交下述文件：

（1）**稅務登記表**

　　稅務登記表由稅務機關統一製作，由納稅人在辦理開業稅務登記手續時填寫。

（2）**稅務登記表的主要內容**

● 納稅人名稱；

● 法定代表人（負責人）、財務負責人；

● 經濟性質；

● 企業地址；

● 核算形式；

● 註冊資本；

● 開戶銀行、帳號；

● 營業執照名稱、號碼、有效期限、發證機關、發照日期；

- 經營範圍；
- 所屬分支機構等。

（3）**稅務登記表的填寫要求**

- 按表中內容如實填寫；
- 納稅人的名稱應寫全稱；
- 營業地址要詳細具體；
- 經濟性質要按國家標準確定；
- 經營範圍與方式應按工商登記為準。

4.7　怎樣製備銀行開戶申請文書

銀行開戶申請文書是公司、企業或其他經濟組織向銀行申請開具帳戶的書面申請文件。企業可申請兩種銀行帳戶，即人民幣帳戶及外匯帳戶。

（1）**人民幣帳戶**

a. 帳戶的種類：

- 基本存款帳戶：基本存款帳戶是存款人辦理日常轉帳結算和現金收付的帳戶。公司或企業的工資、獎金等現金的支取，只能通過本帳戶辦理。存款人只能在銀行開立一個基本存款帳戶。
- 一般存款帳戶：一般存款帳戶是存款人在基本存款帳戶以外的銀行借款轉存、與基本存款帳戶的存款人不在同一地點的附屬非獨立核算單位開立的帳戶。存款人可通過本帳戶辦理轉帳結算和現金繳存，但不能辦理現金支取。

- 臨時存款帳戶：臨時存款帳戶是存款人因臨時經營活動需要開立的帳戶。存款人可以通過本帳戶辦理轉帳結算和根據國家現金管理的規定辦理現金收付。
- 專用存款帳戶：專用存款帳戶是存款人因特定用途需要開立的帳戶。

b. 開立帳戶的手續和文件：

存款人申請開立存款帳戶，應填寫開戶申請書，提供規定的證件，送交蓋有存款人印章的印鑒卡片，經銀行審核同意後開立帳戶。應提供的證件及文件包括：

- 申請開立基本存款帳戶，應提供當地工商行政管理機關核發的「企業法人營業執照」或「營業執照」正本；或單位同意附屬機構開戶的證明；
- 申請開立一般存款帳戶，應向開戶銀行提供借款合同或借款借據；或者基本存款帳戶的存款人同意其附屬的非獨立核算單位開戶的證明；
- 申請開立臨時存款帳戶，應提供當地工商行政管理機關核發的營業執照，或當地審批部門同意設立外來臨時機構的批准文件；
- 申請開立專用存款帳戶，應向開戶銀行出具經審批部門批准立項的文件。

c. 銀行開戶申請書的主要內容：

銀行開戶申請書一般由銀行製備，提供給申請單位填寫。申請書一般包括以下內容：

- 申請開戶單位名稱，申請開立帳戶名稱；

- 工商管理局批准文號；
- 帳戶基本情況，例如資金來源、資金運用、經營範圍、主要產品、財務管理、職工人數、發薪日期等；
- 蓋章（企業公章及負責人印章）。

（2）外匯帳戶

a. 外匯帳戶的種類：

- 外商投資企業經常專案外匯收入可以開立外匯結算帳戶；資本專案外匯收入可以開立專用帳戶，包括資本金帳戶、貸款專戶、還貸專戶等；
- 外商駐華代表機構由境外匯入的外匯經費可以開立外匯結算帳戶。

b. 開立外匯帳戶的程序及所需的文件：

- 首先，向外匯管理局提出申請，領取「開戶通知書」。企業需提供的文件包括：申請開立外匯帳戶的報告；「外商投資企業外匯登記證」（在領取「營業執照」後，向註冊地外匯管理局辦理）；借款合同正本或「外匯轉貸款登記證」（開立貸款專戶和還貸專戶時需要）；證券監督管理部門批准的「招股說明書」（開立股票專戶時需要）和其他材料等；
- 然後，前往金融機構辦理開戶：須持「開戶通知書」及「外商投資企業外匯登記證」前往辦理。

c. 外商駐華代表機構開立外匯帳戶所需文件：

- 到外匯管理局登記備案，領取「駐華機構外匯帳戶備案表」；

● 須持相關部門批准設立機構的文件及工商登記證明；

● 到開戶銀行辦理開戶；

● 須持「駐華機構外匯帳戶備案表」前往辦理。

d. 開立外匯帳戶的申請文書：

● 開立外匯帳戶涉及到的申請文書，包括向外匯管理局提出的申請和向銀行提出的開戶申請，這兩種文書分別由外匯管理局和銀行製備，企業認真填寫即可。

5. 怎樣製備員工招聘文書

員工招聘文書是公司或企業根據用人需要，利用報刊、雜誌、廣播、電視等新聞媒體或其他方式招收和聘用工作人員的一種廣告性文書（見實例 1）。

（1）**員工招聘文書的格式和內容**

a. 標題。多為招聘單位名稱加上「啓事」、「誠聘」、「招賢」等文字，有的想出些新奇的詞語為標題來吸引求職者。

b. 正文。正文一般包括以下幾方面的內容：招聘單位自我簡介、招聘目的、招聘何種人員、招聘人數、對應聘者的要求、對錄用者的待遇等。

c. 落款。應寫明聯繫地址、聯繫人、聯繫電話、招聘期限等。

（2）**招聘文書的寫作技巧**

a. 企業簡介部分應充分寫出本單位吸引人才之特色與優勢。

b.對招聘人物的學歷、資歷要求、技能水平以及報名時間、聯繫地址和方式、錄用後的待遇等方面，要一一交代明確，不可含糊其辭。

c.文書措辭須慎重，且注意禮貌，更須表現出求賢若渴的願望和誠意，所作出的承諾要確保兌現，以求得長期的口碑。

實例 1

香港巨集欣生化工程有限責任公司誠招天下精英

香港巨集欣生化工程有限責任公司誠招天下青年精英，加入本公司中國西部大開發戰略工程。該項工程是本公司在二十一世紀發展的系列生化工程的第一項大型精細化工工程項目，投資額達三十億美元。現誠招天下專才加盟本公司，共同開創一番宏偉事業。現將有關誠聘的具體事宜詳述如下：

一、招聘的專業：精細化工、生物化學、天然氣化學工程；以及工程與企業管理、會計財務等。

二、職位：

（1）主任工程師三名（具高級工程師資格，五年以上同等工作經歷）；

（2）工程師三十名；

（3）高級工程監理三名（五年以上同等工作經歷）；

（4）物流部主任助理一名；

（5）人力資源部副總經理一名（四年以上同等工作經歷）；

（6）註冊會計師三名；

（7）總經理助理一名（精通英語、普通話、廣州話，及電腦操作嫻熟者優先）。

三、學歷及工作經歷：應聘者須具有本科及以上學歷（碩士、博士及其以上學位優先）。除另有說明外，均應具有三年以上同等工作經歷。

四、年齡：在四十五歲以下均可報名。

五、待遇：經面洽考核錄用後，有關住房、薪酬、福利等將視職務要求從優。

有意應聘者，請上本公司網站查閱有關資料，並請將本人申請書逐寄本公司人力資源部即可。經初步審定後面洽。

聯繫方式：（略）

本公司網站網址：（略）

香港巨集欣生化工程有限責任公司

××××年×月××日

第 6 章 設立代表處申請文書

1. 設立代表處的程序

　　企業在中國申請設立代表處，必須委託一家由審批機關認可的對外經濟貿易仲介服務機構（簡稱「承辦單位」）來受理各類文件，並報送審批。

　　各地設立代表處的審批機關是中國對外貿易經濟合作部及其授權的各省（市）對外貿易經濟合作廳（局）（簡稱「審批機關」）。中國工商行政管理局或其授權的各地工商行政管理局（簡稱「登記機關」）負責辦理登記手續。在領取「登記證」後，到其他管理部門辦理有關手續，如向海關申請進口辦公設備，向勞動服務公司申請聘用僱員等。

2. 設立代表處的必備文書

　　設立代表處的必備文書是指提交給承辦單位，並由其報送審批機關的文件，包括：

- 董事長或總經理簽署的設立代表處申請書（見實例 1）；
- 「台港澳企業常駐代表機構設立申請表」；
- 所在國或地區有關當局出具的開業合法證明；
- 有業務往來的金融機構出具的資信證明書（外文須附中文譯本）；
- 董事長或總經理簽署並蓋章的委任代表處人員的授權書；
- 被授權人員（代表）的詳細履歷表（由中學畢業至

申請設立外商常駐代表機構流程圖

申請企業。

↓

委託承辦單位。 ⟸ 須委託中國的外商投資服務機構。

↓

由承辦單位代表向省級外經貿主管部門送交所需文件並進行審批。

↓

經批准後，應及時到省或市工商行政管理局辦理登記手續。

| 常駐代表持機構登記證、代表證和批准證到當地公安局辦理居留手續。 | 持登記證和批准證向當地外匯管理部門申請開設銀行帳戶。 | 常駐代表持機構及其人員進口所需要的辦公、生活用品和交通工具，向中國海關申報。 | 向當地稅務機構辦理納稅登記手續。 | 委託當地對外服務公司聘請當地工作人員。 |

今）；

- 被授權人員（代表）所在國或地區的身分證、入境簽證 等有效證件，港澳地區的人員須附有回鄉證；
- 推薦函（見實例2）；
- 租房合同（見實例3）。

3. 怎樣製備申請文書

國家審批機關對申請設立代表處的文件，已制訂了統一的 表格供索取，如「外國企業常駐代表機構設立申報表」、「外國 企業常駐代表機構人員申請表」等。本文僅介紹需要企業書寫 的文書。

3.1 申請書

申辦設立代表處，首先須書寫一份由企業董事長或總經理 （法人代表）簽署並蓋章的申請書。內容包括：企業簡況、與中 國業務往來的情況、設立的理由、代表處的名稱、代表的姓 名、業務範圍、駐在期限、辦公地址等。

代表處的名稱應以「國別（地區）＋企業名稱＋城市名稱 ＋代表處」的方式命名。如「中國香港×××有限公司」，代表 處將設立在北京市，其名稱是：「中國香港×××有限公司北 京代表處」（見實例1）。

實例 1

申請書

××市對外貿易經濟合作局：

　　××××公司於 1972 年 3 月 19 日在香港成立。本公司的母公司××××××，是世界上最具規模的包裝消費品公司之一，主要經營食品及啤酒業務。為配合本公司擴展中國市場業務的策略，我司現正式向　貴局申請在××市設立代表處。

　　××××公司的主要業務範圍及開設代表處的原因：

　　自從中國實施改革開放政策以來，吸引了大量國外的投資者將業務擴展至中國，而廣東是改革開放最早的地區，經濟十分繁榮，人民的生活質素及水平得到很大提高。本公司希望透過代表處的設立，收集市場資訊以及向中國消費者提供本公司各類產品，同時也希望推廣其他諮詢業務。

　　現將代表處申請資料報告如下：

　　（一）公司名稱：××××公司××代表處

　　（二）首席代表：×××

（三）業務範圍：搜集市場資料，為推介本公司的產品提供聯絡服務

（四）期限：不少於兩年

（五）代表處地址：中國××市拱北水灣南路二十一號拱北賓館四七

　　　六房

現附上下列資料請　貴局審閱：

（一）《台港澳企業常駐代表機構設立申請表》和《台港澳企業常駐代表機構人員申報表》各一式二份；

（二）公司成立證書副本；

（三）銀行資信證明（附中文譯本）；

（四）代表任命書及其履歷表（中、英文本）；

（五）代表處的租房合同副本；

（六）本公司概況。

誠蒙　貴局考慮並批准本公司的申請，不勝感激。

此致

敬禮！

××××集團財務董事（簽名蓋章）

××××年×月××日

3.2　推薦函

企業申請設立代表處，須委託一間中國公司或機構擬就一份推薦函，向審批機關作出推薦，並説明企業在中國已開展業務的事實。該函署名處應有推薦單位加蓋的公章（見實例2）。

實例 2

推薦函

××市對外貿易經濟合作局：

　　本公司多年來一直與×××公司保持良好的業務關係。×××公司於1972年3月19日在香港成立，是世界上最具規模的包裝消費品公司之一。主要經營食品、啤酒等業務，而且信譽卓越。該公司現因拓展業務，希望在我市設立代表處。本公司同意作為其在本市設立代表處的推薦單位。

　　誠望　貴局酌情予以批准為盼。

　　此致

敬禮！

××市經濟特區××××公司（蓋章）

××××年×月××日

3.3　租房合同

代表處一般租用商業寫字樓，如自行購置或租用商品房時，除須向審批機關提交租房合同，還應附上產權證明書、中國公證部門出具的房屋產權書，或租房合同的確認書（見實例3）。

實例 3

租 房 合 同

甲方：×××公司

地址：××××××××　　聯繫電話：××××××××

乙方：珠海市×××賓館

地址：××××××××　　聯繫電話：××××××××

經雙方同意，簽訂以下租賃合同，條款如下：

一、甲方從××××年××月××日起至××××年××月××日止，租用乙方四七六房，租金每客每日按拱北賓館公開房價的五折收取（HK$638+15%），甲方可以人民幣結算（按當日牌價折算，房租亦隨之改變）。

二、甲方必須預付一個月的房租按金，並且於每月 10 日之前，以月結的方式支付所有費用。

　　三、甲方在未徵得乙方同意前，不得隨意改動房內所有設施及裝飾，在使用時，不得使用任何導致客房用電量增大的電器用品。

　　四、甲方必須遵守乙方的住房規則，每間住宿人數不能超過四人，甲方以外的人員入住時，必須到總台登記，房間不得做非法用途。

　　五、協議期內，甲方在乙方的洗衣、電話服務費、傳真等方面可享有八折優惠。

　　六、協議期內，如任何一方提出終止協議，須提前一個月以書面形式通知對方。

　　七、此協議一式兩份（各持一份），並經雙方代表簽署後正式生效。

甲方代表：　　　　　　乙方代表：

公　　章：　　　　　　公　　章：

帳　　號：　　　　　　帳　　號：

　　　　　　　　　　　　　　　　××××年×月×日

第 7 章　知識產權保護申請文書

1. 商標權申請文書
2. 專利權申請文書

1. 商標權申請文書

1.1 商標權申請

（1）商標註冊申請的程序與方式

中國商標法規定，凡是在中國境內從事經營活動的自然人、法人或者其他組織對其生產、製造、加工、揀選或者經銷的商品和提供的服務項目，需要取得商標專用權時，可以向中國商標局申請註冊。

商標註冊的授權機關是國家商標局。商標事務的行政管理機關是國家工商行政管理局（即工商管理局屬下的商標管理處），設立在各中心城市的商標事務所是由國家指定的商標代理組織，在業務上接受工商行政管理局的指導與監督。

商標註冊申請有兩種方式：

a. 中國的個人或企業（包括中外合資、合作及外資企業），可以直接向國家商標局申請辦理註冊商標，也可以委託商標代理機構辦理。

b. 外國企業（包括港澳台企業）和個人，必須委託具有涉外代理權的商標事務所辦理，呈報國家商標局批准。

（關於中國主要的涉外商標代理機構通訊資料見附錄 4 。）

（2）商標註冊申請的必備文書

商標註冊申請所需的表格，是由工商管理局統一制訂的，可以通過商標事務所取得。

主要文書包括：

a.「商標註冊申請書」（見實例 1 及 2）。

b.「商標代理委託書」（見實例 3）。

c. 商標圖樣十張，需要指定顏色的商標應提交顏色圖樣，並附送黑白墨稿一份；非指定顏色的，可只交黑白圖樣。

d. 如果商品名稱、服務項目未列入國際標準分類時，則應附送商品、服務項目說明書。

e. 營業執照副本。

（3）**值得注意的幾個問題**

a. 填寫商標註冊申請文件應使用中文，書寫要規範、工整。

b. 一份申請書中只能申請一個商標，即一個以上的商標需要在同一類商品上使用時，應另行提出申請。

c. 同一個商標在不同類別的商品上使用，應按商品分類表分別提出申請。

d. 商標申請被駁回的主要原因：

i) 被認為商標不具有顯著特徵。如印刷體 KL 、 DF 、5WR 等；

ii) 被認為是所使用商品的通用圖形或標誌。如 General Food 用於食品上， Foammaster 用於發泡劑， World Money 用於支票，電吉他頭部外部圖形商標使用在電吉他及低音電吉他上等；

iii) 被認為直接表示所使用商品的質量、主要原料、功能、用途等特點的，如 Schicksuper II 用於剃刀、刀片， Auto Pack 用於包裝機器， Machete 的中譯文「滅

草特」用於除銹劑，Convatec 的中譯文「康復技術」
用於醫療器械等；

iv) 在相同或類似商品上與在先註冊商標相同或近似。

1.2　商標使用許可合同備案申請

（1）商標使用許可合同備案申請的方式

依據中國商標法規定，商標註冊人可以通過簽訂商標使用
許可合同，許可他人使用其註冊的商標。

企業在中國從事經營活動，若與合作方一旦簽訂了商標使
用許可合同，須在合同簽訂後三個月之內向國家商標局申請備
案，以獲得商標專用權保護。

商標使用許可合同備案申請與上述商標註冊申請程序相
同。

（2）商標使用許可合同備案的必備文書

申請註冊商標使用許可合同備案所需的表格，是由工商管
理局統一制訂的，可以向商標事務所索取。

主要文書包括：

● 「代理委託書」；

● 「商標使用許可合同備案申請書」（見實例 4）；

● 商標註冊證影印本；

● 商標使用許可合同副本。

（3）商標使用許可合同主要內容

a. 合同雙方當事人的名稱、地址、法人代表。

b. 許可使用的註冊商標、註冊證號碼、使用期限（從某年

某月某日到某年某月某日）、使用商品的範圍，該項內容全部以商標註冊證核定的範圍為限。

c. 許可使用商品的質量標準、被許可人的名稱和商品產地的標準方法。

d. 被許可人使用該註冊商標產品質量的措施和商標註冊人監督商品質量措施。

e. 商標使用是否有償，有償使用的費用計算方法和付款方式。

f. 合同發生糾紛後採取仲裁或調解的方式。

g. 違約責任。

h. 雙方認為需要在合同中明確的有關事宜。

2. 專利權申請文書

2.1 中國的專利系統

（1）中國於一九八五年四月一日正式實施專利制度，已經形成了一個完整的體系。

a. 專利申請的受理、審查機關是中國專利局。

b. 專利案件糾紛的調解、審判機關是國家專利局屬下的各地方專利管理局及法院。

c. 專利申請可以委託專利業務代理機構辦理有關事宜。

（2）中國是巴黎公約成員國。專利申請人可以利用其要求享有在本國的第一次申請的優先權。

（3）中國自一九九四年四月一日正式加入了專利合作條約

（PCT），向中國的專利申請可以通過 PCT 途徑進行。

2.2　專利申請的方式

（1）外商投資企業申請專利，可以直接或者委託專利代理機構辦理。但由於專利申請有關事項專業技術性較強，為了更好地保障專利權的取得，建議企業最好委託專利代理機構代理專利申請。

（2）外國企業（包括港澳台企業）、外國人申請專利，必須委託國家專利局指定的涉外專利代理機構辦理。

2.3　專利申請的步驟

（1）**選擇一個有涉外專利代理資格的代理機構**

中國專利法規定，在中國沒有經常居所或者營業所的外國人（包括港澳台地區）、企業或其他組織，需要提出專利申請時，須委託國家指定的具有涉外專利代理資格的代理機構辦理有關事宜。目前，中國具有涉外專利代理資格的機構有二十五家，主要設立在北京、上海等地。

中國專利（代理）香港有限公司是設立在香港的專利業務代理機構（地址：香港灣仔港灣道二十三號鷹君中心二十二字樓；電話：852-2828-4688；傳真：852-2827-1018）。

（關於涉外專利代理機構的通訊資料，請查看附錄 4）

（2）**向所委託的代理機構發出委託指示函**

在發出指示函的同時，附上在本國申請專利的有關文件如下：

● 説明書；

● 權利要求書；

● 摘要；

● 附圖；

● 優先權證明文本。

（上述首四項文件是影印本。）

（3）專利權申請的必備文書

專利代理機構在收到申請人的指示函後，會寄來一份委託書（表格式樣），按要求填寫相關內容並寄回給該代理機構即可。

在遞交委託書時，須必備的文件如下：

● 指示函；

● 委託書；

● 請求書；

● 摘要；

● 説明書；

● 權利要求書；

● 如果必須用附圖來説明專利申請，則須附上附圖一份，並指定一幅摘要附圖。

（除指示函以外，其他文書的製備均是通過專利代理機構協助完成的。）

2.4　怎樣製備指示函

指示函是申請人向所委託的專利代理機構發出的指示性函

件。主要内容包括：

(1) 申請人的名稱和地址，申請人可以是法人或者自然人。申請人是法人時（例如公司），要注明其法人登記註冊的國家或者總部所在地，並且注明是根據哪一個國家的法律組成的；申請人是自然人時，要注明其國籍。

(2) 發明人的姓名和地址。

(3) 在原來國家所申請專利的申請號、申請人、申請日。

(4) 向中國的申請是否要求原來在本國申請的優先權。

(5) 提出專利申請的類型（發明、實用新型、外觀設計）。

(6) 是否要求在申請的同時提出實質審查請求。

(7) 為該項專利申請建立檔案號（申請人為該項專利申請建立一個檔案號，代理機構也為該項申請建立檔案號，以便雙方聯繫時查找）。

實例 1

商標註冊申請書（此表適用於中國申請人的商標申請）

申請人名稱：

申請人地址：

郵遞區號：

聯繫人：

電話（含地區號）：

傳真（含地區號）：

代理組織名稱：××市商標事務所

電話：　　　　　　　　傳真：

商標種類：

商標設計說明：

商標是否指定顏色：

類別：

商品／服務項目：

申請人章戳（簽字）：　　　　　代理組織章戳：

　　　　　　　　　　　　　　　代理人簽字：

實例 2

商標註冊申請書（此表適用於外國申請人的商標申請）

申請人名稱（中文）：

　　　　　（英文）：

申請人國籍：

申請人地址（中文）：

　　　　　（英文）：

代理組織名稱：××市商標事務所

電話：　　　　　　　　傳真：

商標種類：

商標設計說明：

商標是否指定顏色：

優先權初次申請國：

申請日期：

申請號：

類別：

商品／服務項目：

申請人章戳（簽字）：　　　代理組織章戳：

　　　　　　　　　　　　　代理人簽字：

實例 3

商標代理委託書

中華人民共和國國家工商行政管理局：

　　我／我廠 ＿＿＿＿＿ 是 ＿＿＿＿＿ 國國籍，依 ＿＿＿＿＿ 國法律組成，現委託廣州市商標事務所代理 ＿＿＿＿＿ 商標的如下「ˇ」事宜。

□ 註冊　　　　　　　　　□ 續展註冊

□ 轉讓註冊　　　　　　　□ 變更註冊人名義

□ 變更註冊人地址　　　　□ 變更其他註冊事項

□ 補發註冊證　　　　　　□ 登出註冊商標

□ 證明　　　　　　　　　□ 異議

□ 商標使用許可合同備案　□ 商標侵權糾紛案件

□ 撤回商標註冊申請　　　□ 其他事項

委託人：＿＿＿＿＿＿＿＿＿＿＿＿（章戳）

地址：＿＿＿＿＿＿＿＿＿＿＿

聯繫人：＿＿＿＿＿＿＿＿＿　電話：＿＿＿＿＿＿＿＿＿

郵遞區號：＿＿＿＿＿＿＿＿＿＿＿＿＿＿＿＿

代理組織：××市商標事務所

地址：××市××路 10 號 3 樓（510620）

電話：　　　　　　　　傳真：

開戶銀行：　　　　　　帳號：

實例 4

商標使用許可合同備案申請書

註冊號：

許可人名稱：

地址：

電話（含地區號）：

國籍：

被許可人名稱：

地址：

郵遞區號：

電話（含地區號）：

國籍：

代理組織名稱：××市商標事務所

電話：　　　　　　　　傳真：

許可使用合同生效日期：

許可使用合同終止日期：

類別：

商品／服務項目：

許可人章戳（簽字）：

Seal/Signature of Licensor

被許可人章戳（簽字）：

Seal/Signature of Licensee

代理組織章戳：

代理人簽字：

第 8 章　投訴與爭議糾紛處理文書

1. 對商品或服務供應商的投訴與爭議糾紛處理文書

當消費者自身利益因商品或服務供應商的產品或服務品質不好，而受到直接或間接的損害；或因供應商不履行法定義務等原因，消費者與經營者、服務者發生爭議糾紛時，可以視情節輕重，通過下列途徑得到解決：

（1）可直接與經營者或供應商交涉。

（2）若問題仍得不到解決，可請求消費者委員會或行業監督機構調解，或提出投訴。

（3）向有關行政執法部門提出申訴。

（4）提請仲裁機構仲裁。

（5）向人民法院提起訴訟等。

1.1　向商品或服務供應商提交的投訴信函

當消費者對商品或服務的品質不滿意，或受到欺詐等致使其利益受到損害時，應盡快與供應商交涉，及時向有關機構發出投訴信函，以求問題得到及早解決（見實例 1）。

（1）**投訴信的內容和格式**

a. 收信人。

b. 正文：詳細說明投訴事件發生的情況，所投訴事件對己方造成的損失，以及提出對方應立即採取行動來補償要求。

c. 結束語、落款及敬語。

　　d.附件（例如發票複印本等）。

（2）**投訴信寫作要點**

　　a.一定要如實闡明投訴事件發生的詳細經過，包括涉及的人員、時間、地點、商品或服務等。

　　b.證據要確鑿，有理有據。

　　c.補償要求要合理。

　　d.使用的言詞要斟酌講究，用辭要準確，任何粗言穢語是無濟於事的。

1.2　向監督機構遞交的投訴文書

　　當消費者利益受到損害，經與商品或服務供應商交涉得不到解決時，可以向維護消費者權益的監督機構投訴。這些機構包括當地的消費者委員會、工商行政管理部門，以及行業的投訴中心等。例如，旅遊質量監督中心、電信用戶申訴受理中心等。

（1）**投訴信的基本內容**

　　a.投訴人的聯繫方式（姓名、住址、郵遞區號、電話號碼）。

　　b.被投訴方的聯繫方式（單位名稱、詳細地址、郵遞區號、電話號碼）。

　　c.購買商品或接受服務的日期、品名、牌號、規格、數量、計量、價格、受損害及與經營者交涉的情況。

　　d.憑證（發票、保修證件等複印本）和有關證明材料等。

（2）**向監督機構投訴時應注意的幾個問題**

　　a. 在向監督機構投訴之前，應先與商品或服務供應商交涉，問題得不到解決時，再寫投訴信。

　　b. 監督機構一般不受理如下投訴：

　　i) 經營者之間購、銷活動方面的糾紛；ii) 消費者個人私下交易糾紛；iii) 商品超過規定保修期和保證期；iv) 商品標明是「處理品」的（沒有真實說明處理原因的除外）；v) 未按商品使用說明安裝、使用、保管、自行拆動而導致商品損壞或人身危害的；以及 vi）被投訴方不明確的等等。

1.3　仲裁申請書

　　仲裁申請書，是在雙方已有仲裁協定的情況下，爭議一方當事人為維護自己合法權益，將已經發生的爭議提請仲裁機構的書面請求。首先提交仲裁申請書的一方稱為申訴人，另一方當事人稱為被訴人。

（1）**格式與內容**

　　仲裁申請書一般由首部、正文、結尾三部分構成。

　　a. 首部。包括：標題為「仲裁申請書」；仲裁機構名稱；申訴人、被訴人名稱、地址、法人代表、通訊號碼。

　　b. 正文。包括：案由及仲裁依據（仲裁協議書或合同中的仲裁條款）；申訴人要求，即賠償金額、仲裁費用等；事實、爭議及索賠理由，要引用合同原文有關規定、檢驗材料，敘述被訴人違約事實、交涉過程、估算經濟損

失或其他損失。

c. 結尾。包括：指定仲裁員聲明；附件，包括與申請仲裁
有關的全部材料的複印本；落款，包括申訴人或授權代
表署名、簽章、日期等。

（2）**仲裁申請書寫作要點**

a. 要明確被訴人的違約事實和雙方爭議的焦點。

b. 具體地提出仲裁申請書的目的和要求。

c. 闡述理由要有確鑿證據。

d. 仲裁屬於調解的性質，不是法律訴訟。為了繼續保持良
好的關係，措辭要堅定、明確地表明對違約方和爭議點
的態度，又毋需在措辭上傷害對方。

2. 向行政機關提出的投訴文書

當企業或公民受到某行政機關不公正對待時，可通過向該
行政機關或其上級機關提出投訴、申請行政複議，或者向監
察、信訪部門投訴或檢舉、控告等方式，以求解決。

2.1 向行政機關遞交的投訴、行政複議申請、檢舉或控告
文書

當前，中國的政府部門已在逐步推行政務公開，不少政府
部門設有專門的投訴機構、信箱或投訴電話，歡迎企業或公民
對政府機關及其工作人員提出投訴、檢舉或控告。

（1）**哪些事項可以投訴**

　　一般説來，政府機關和工作人員若不按照政務公開的規定要求辦事；或服務態度惡劣，不兑現服務承諾；或違反法律法規等，企業或公民都可以提出投訴。

（2）**投訴信函的内容和格式**

　　a. 標題。最好直言。如「××服務態度惡劣，官僚作風嚴重」，或「由於××辦事過失，造成我公司嚴重經濟損失」。

　　b. 收信人或單位的名稱。一般寫給被投訴的行政機關接受投訴的部門，和被投訴的個人的領導或上級機關。

　　c. 正文。説明其投訴事件的詳細情況。

　　d. 投訴人提出的明確意見或要求。

　　e. 投訴人簽名。

（3）**行政機關提交投訴信函須注意的幾個問題**

　　a. 提出投訴的事件要真實、具體。

　　b. 應當簽署投訴人的真實姓名，寫明通信地址和郵遞區號，以便及時得到反饋，獲得問題的解決。

2.2　行政複議申請文書

（1）**甚麼是行政複議**

　　行政複議是上級政府行政機關針對下級行政機關與其他單位和個人之間的行政管理糾紛進行複查，並做出裁決的一種行政行為活動。同時也是上級行政機關糾正下級行政機關錯誤的一種監督制度。

如果行政機關在實施行政管理時，沒有依照法律、規章辦事，損害或影響了企業或公民的合法權益，企業或公民就可以向該機關的同級政府（直接管轄該行政機關的當地政府），或者向該行政機關的上一級行政機關申請行政複議。

（2）**申請行政複議須注意的問題**

a. 只有當受到「行政機關」的不公正對待時，才能申請行政複議。

b. 如果對行政複議機關的裁決不服，申請人一般還可向人民法院提起行政訴訟。

c. 在一般情況下，從企業或公民知道行政機關不公正的行為當天起，在六十天之內都可以申請行政複議。如遇特殊情況（不可抗力等）還可延長申請的期限。

（3）**行政複議申請書的內容和格式**

書寫行政複議申請書並不難，只要把如下幾個內容說清楚就可以了（見實例2）：

- 申請人的基本情況；
- 被申請人的名稱；
- 複議請求（比如請求撤銷被申請人的處理行為；請求依法賠償等）；
- 複議的事實和理由（能夠證明行政機關違法行為及損害你的合法權益的證據材料等）；
- 提出複議申請的日期。

2.3　向信訪、監督機構提交投訴、檢舉、控告文書

（1）有哪些機構可以受理對行政機關的投訴、檢舉或控告？

- 縣級或以上地方各級人民政府和人民代表大會常務委員會；司法機關包括公安局、檢察院、法院、各級黨委紀律檢查委員會、監察局、反貪局；以及各有關執紀執法機關，如土管局、房地局、勞動局、總工會、婦聯等內部均設有受理人民群眾來信來訪的工作機構（稱「信訪辦公室」）；
- 各級黨委、政府工作部門和鎮（鄉）政府、街道辦事處以及各企業、事業單位均設有信訪工作機構或配有專職、兼職信訪工作人員，負責受理人民群眾來信來訪；
- 報社、電台、電視台均設有專門機構辦理讀者、聽眾、觀眾的來信來訪，實行輿論監督。

（2）有哪些事項可以向信訪監察部門投訴、檢舉或控告？

- 對國家行政機關及工作人員和國家行政機關任命的其他人員違反國家法律、法規的犯罪行為，以及違反政紀的一般違紀行為，都可以提出檢舉或控告；
- 檢舉是未受到侵害的寫信人提出的，控告則是寫信人在自身的合法權益受到侵害時提出的；
- 屬於批評、建議性質的投訴，也在信訪監督部門受理範圍。

（3）檢舉、控告信函的內容和格式

- 標題。比如：「對×××貪污問題的檢舉」、「對×××受賄問題的檢舉」等等。這樣，可以讓舉報工作人員對

舉報信的內容一目了然；

- 內容：開頭。信函的開頭就像平常寫信那樣，頂格寫上接受舉報、控告單位的名稱，比如，「某某檢察院舉報中心」。

- 接着，介紹檢舉人／控告人和被檢舉人／被控告人的基本情況（如，姓名、性別、年齡、所在工作單位、擔任何職務、住址等等）。如果被檢舉人／被控告人有幾個人的話，還要一個一個分別寫清楚；

- 正文。詳細介紹檢舉、控告案件發生的時間、地點、手段、具體情況和後果等的事實。有證明人或知情人的，要把他們的姓名、單位、聯繫辦法等寫清楚。如果知道證人或者知情人和被舉報人或被控告人是甚麼關係，也應當寫明白；

- 結尾。信的結尾可以說說自己對這個案件的看法，提出具體要求。寫信人應當簽上自己的姓名及寫信的時間。

（4）書寫檢舉、控告信應當注意的幾個問題

- 檢舉、控告內容必須真實。在介紹案件情況的時候，不要把自己主觀上的懷疑、推測和真實情況混在一起，以免影響受理機構及時、準確地開展調查工作；

- 最好在信中把掌握的證據寫清楚，說明這些證據的來由。但是，不要把對案件有證明作用的原始書證和物證等夾在信裏一起寄出，以免丟失。這些證據應當妥善保存起來，留到檢察人員來調查的時候，當面交給他們；

- 檢舉、控告信要被接受信函的機關作為案件材料，存入

檔案中的。因此，寫信最好用鋼筆來寫，字跡要工整、
清楚；

● 應當簽署真實姓名，寫明通信地址和郵遞區號。

實例 1

××××購物中心

客戶部

尊敬的經理先生：

　　本人於××××年 10 月 6 日，在　貴商場購買了一台××牌××型號的二十九英寸彩色電視機，當時試機時未發現質量問題。但使用一個月後，即無法顯示畫面。

　　由於　貴商場不提供售後服務，我只能與彩電生產廠家直接交涉。經聯繫，該廠家在本市的維修部離我的住所遙遠，並且不提供上門維修服務，我只得將笨重的電視機送去維修，但修好之後不久又出現同樣的問題。

　　很遺憾，現在我不得不對　貴商場銷售的××牌彩色電視機（詳見「發票複印本」）的質量問題提出投訴。

　　由於彩電的劣質問題，致使我花費了大量的時間、精力和費用，且嚴重影響了我休閒娛樂的心情，我現只能要求退貨。

　　貴商場在家電銷售服務業中是一個信譽良好、服務一流的單位，本人相信　貴商場對此會給予一個妥善的解決辦法。懇請　貴商場早日答覆為盼。

　　此致

敬禮！

××××謹啓

××××年×月×日

實例 2

關於×××××問題的行政複議申請書

　　申請人：×××（姓名），男，四十二歲，個體工商戶（職業），家住××號（通信地址），郵編×××××××，電話×××××（便於及時聯繫）

　　被申請人：×××局（申請人認為損害申請人的合法權益的行政機關的名稱）

　　複議請求：請求撤銷×××局××字××號「關於××行政處罰決定書」

　　複議的事實和理由：（這一段是整個複議申請書的主體，也是最重要的一個部分，申請人應實事求是地列出能夠說明行政機關的行為違法、違規、不公正以及給申請人的合法權益造成損害的事實、證據及相關的材料。）

　　此致
××政府或××局（受理複議申請的行政機關名稱）

　　　　　　　　　　　　　　　　　　　　　　申請人×××
　　　　　　　　　　　　　　　　　（如果是公民，須親筆簽名或蓋私章；
　　　　　　　　　　　　　　　　　　如果是企業或機構，則須加蓋公章）

　　　　　　　　　　　　　　　　　　×年×月×日（書寫此申請書的日期）

第 9 章　個人求職與日常生活文書

　　與個人日常工作與生活密切相關的文書種類繁多，本書僅介紹個人在求職、辭職、訂立勞動合同，以及房屋買賣或房屋租賃等活動中所書寫的文書。

1. 求職信

　　求職信是應聘人員根據招聘單位的要求，向招聘單位做自我介紹，表述自己的應聘意向及應聘條件的文書。通常又稱為應聘書。

　　在中國入世之後，港人到中國求職的人會愈來愈多。若想要向中國的各種公司企業求職成功，則首先必須要了解如何按照中國的習慣和常規寫好求職信。當然，要向外國公司申請求職，除了要了解中國的習慣和常規之外，還要按照外國公司的特別要求書寫。

　　這裏只介紹中國常用的求職信的寫法（見實例 1）。

（1）求職信的基本內容與要求

　　求職信的格式與一般書信類似，主要包括以下幾項：

- 稱呼。書寫招聘單位名稱或單位有關負責人姓名。
- 正文。首先，應寫明獲知招聘資訊的途徑，表達對該單位和領導的仰慕之情，同時表明自己的應聘願望；主體部分，要簡明扼要地介紹自己的學歷、工作經歷、志向、興趣、性格、業績、經驗等，然後提出應聘條件及待遇要求；再加上結語部分。
- 落款。署名，並時間。

- 附件。

（2）**書寫求職信時要注意的幾個問題**

- 注意按中國的通常作法，若是寫給單位負責人的，則應以職務相稱，以示尊重；

- 針對招聘單位的要求，有的放矢地、真實地介紹自己的長處，港人尤其要寫出自己在海外獲得的不同於中國的工作經歷和學歷，這是競爭力的優勢所在之一；

- 要盡量使用中國易懂的語言，最好不要使用外來語；

- 在信函之後都應帶有附件，包括：本人簡歷表（含學歷和工作經歷）、學業成績表、工作業績證明文件（含立功、受獎等）、相關證件的複印本、單位或個人的推薦函副本，以及聯絡方式等；

- 若在求職信之後附上一封有一定名望或身分人士的推薦信，將會給應聘者添加信任效應；

- 中國對應聘者的個人資料是會加以保密的。

實例 1

求 職 信

××集團公司人力資源部

尊敬的×××總經理:

　　最近,我從《××日報》(第 3 版)上獲悉　貴公司招聘營銷經理的資訊,並悉知　貴公司是中國電腦行業最有名的公司之一。本人對　貴公司早有耳聞。今日斗膽提筆向　貴公司提出應聘的要求,希望能有機會成為　貴公司的一員,為　貴公司服務。

　　本人於 1991 年畢業於英國×××大學,獲市場營銷學碩士。之後受聘於一家英資公司(請詳見「個人履歷」)。從事營銷工作已九年。因良好的工作業績,我於 1997 年被聘為營銷部經理,至今已有四年。九年來,我對市場營銷的工作已有了相當的了解,並且具備了良好的組織能力以及人際協調能力。

　　基於名牌大學的教育和多年豐富的工作經驗,以及本人具有的強烈事業心和責任感,我深信我有能力擔負起　貴公司市場營銷經理的職位。我真誠地希望　貴公司能給我提供施展才能的機會,為　貴公司事業的興旺發達,我將竭盡全力。

　　隨信附上「個人履歷」,請予審閱。

　　承蒙閣下撥冗約見,本人不勝感激。

　　此致

敬禮!

×××敬上

××××年×月×日

2. 個人履歷（簡歷）

　　個人履歷（簡歷）是介紹求職者的主要經歷（含本人學歷
與工作簡歷）的文書。在提交求職信時，一般應作為求職信的
附件（見實例2）。

（1）個人履歷的基本內容

　　●個人基本情況；

　　●工作經歷；

　　●學習經歷；

　　●個人的特長和愛好等。

（2）如何寫好個人履歷

　　一般來說，招聘單位總是關注與招聘職位相關的知識背景
和實踐經歷的。所以，不管是介紹工作經歷或學習經歷時，最
好寫明與招聘職務有關的業績、專業課程、畢業論文、獲得的
獎項及有關的證明文件等。若是應屆畢業生，可寫上勤工助
學、參加社團義工、實習經歷等。

　　應聘於外資企業時，最好附上英文簡歷，而且要把最近的
經歷放在最前面。記住貼上近照。

實例 2

×××個人履歷

一、個人基本情況：姓名、性別、年齡、學歷、現任職務、技術職務、聯
　　絡方式等。

二、應聘職位：明確說明應聘職位。

三、受教育情況：就讀學校、畢業時間、所獲學位、主要課程、畢業論文
　　等。

四、工作簡歷：工作時間、單位、現任職務、技術職務、受獎勵情況等。

五、特長與愛好

六、自我評價

七、本人簽名

八、本人近照

3. 辭職書

辭職書是提出請求批准辭去現職的文書（見實例 3）。

（1）辭職書的基本內容

辭職書通常包括以下內容：

- 標題。一般寫明「辭職書」；
- 受文者。可以是公司人事部或公司負責人；
- 正文。寫明辭職的決定、原因、時間和請求批准的要求；
- 簽名並註明時間。

（2）書寫辭職書須注意的幾點事項

- 無論因何種原因提出辭職，都要表現本人是持審慎與禮貌的態度；
- 如果與公司有合約在先，應按合同條款，提前一段時間說明離職的志願，並及時通知公司，以免受合同條款的處罰。

實例 3

辭　職　書

公司人力資源部

總經理先生：

　　本人茲請求公司批准我辭去市場部助理總經理的職務。按照本人與公司的聘任合同條款，本月 31 日將是我合同到期的工作日。

　　在公司兩年的工作經歷給了我許多實踐的機會，我謹此感謝公司對我的培養。在本人即將離任期間，我將負責地協助繼任者辦好全部交接工作。

　　祝公司的業務蒸蒸日上，祝同事們取得更大的成功！

　　承蒙批准，不勝感激！

×××敬上

××××年×月×日

4.勞動合同文書

　　根據《中華人民共和國勞動法》的規定，勞動合同是員工和公司（企業）之間確立勞動關係所必須簽訂的一份法律性文件。員工和公司通過簽署的勞動合同，以明確雙方的權利、責任和義務等關係（見實例4）。

（1）**勞動合同的主要條款**

- 合同雙方；
- 合同生效日和終止日；
- 公司聘用該員工的職務（崗位），以及應達到的條件及業績；
- 法定日工作時間、加班要求，以及其他工作條件；
- 工資報酬；
- 保險、福利等待遇；
- 試用期及其工資待遇等；
- 勞動紀律與約束；
- 合同的變更、解除事項或條件；
- 合同的終止、續訂條件和時間期限等；
- 經濟補償與賠償事項或條件；
- 違反勞動合同的責任；
- 解決勞動爭議的途徑或方式；
- 其他約定等。

(2) 訂立勞動合同須注意的幾個問題

- 中國的《勞動法》已經實施多年，相應的法律法規也已趨於完備。求職者，尤其是港人應充分了解中國《勞動法》規定的有關勞動者與僱主各自的權利與義務等條款，以有效地維護自己的合法權益。

- 企業普遍採用政府勞動部門提供的標準合同格式文本，據此與員工簽訂勞動合同。員工在簽約前，應事先熟悉這些合同文本。

- 員工要切實注意保證合同中法定的必備條款不能缺少，包括勞動合同期限、工作內容、勞動保護和勞動條件、保險福利待遇、勞動報酬、勞動紀律、合同終止的條件，以及違反合同的責任條款等。

- 注意在合同中如寫有與《勞動法》的強制性規定相違背的條款是無效的條款。

實例 4

勞動合同書

甲方：_____

乙方：_____

簽訂日期：_____ 年 ____ 月 ____ 日

××市勞動和社會保障局監製

甲方：_____　　　法定代表人：_____

註冊地址：_____

乙方：_____

姓名：_____ 性別：_____ 居民身分證號碼：_____

出生日期：_____ 年 _____ 月 _____ 日

在甲方工作起始時間：_____ 年 _____ 月 _____ 日

家庭住址：_____

郵遞區號：_____

戶口所在地：_____ 省（市）_____ 區（縣）_____ 街道（鄉鎮）

根據《中華人民共和國勞動法》和有關規定，甲乙雙方經平等協商一致，自願簽訂本合同，共同遵守本合同所列條款。

一、勞動合同期限

第一條　本合同為 ＿＿＿＿＿＿＿＿＿＿ ＿＿＿ 期限合同。

本合同於 ＿＿＿ 年 ＿＿ 月 ＿＿ 日生效，其中試用期至 ＿＿＿＿ 年 ＿＿ 月 ＿＿ 日止。

本合同於 ＿＿＿＿＿＿＿＿＿＿＿＿＿＿＿ 終止。

二、工作內容

第二條　乙方同意根據甲方工作需要，擔任 ＿＿＿＿＿＿ 崗位（工種）工作。

第三條　乙方工作應達到 ＿＿＿＿＿＿＿＿＿ 標準。

三、勞動保護和勞動條件

第四條　甲方安排乙方執行 ＿＿＿＿＿＿＿＿ 工作制。

執行標準工時制的，乙方每日工作時間八小時，每周工作四十小時。

執行綜合計算工時工作制的，乙方平均每天工作時間不超過八小時，平均每周工作不超過四十小時。

執行不定時工作制的，在保證完成甲方工作任務情況下，乙方自行安排工作和休息時間。

第五條　甲方安排乙方加班的，應符合法律法規的規定。甲方安排乙方延長工作時間的，應支付不低於工資的150%的工資報酬。甲方安排乙方休息日工作又不能安排補休的，應支付不低於工資的200%的工資報酬。甲方安排乙方法定休假日工作的，應支付不低於工資的300%工資報酬。

乙方加班工資基數為每日 _____ 元或按 _____ 執行。

第六條　甲方為乙方提供必要的勞動條件和勞動工具，建立健全生產工藝流程，制定操作規程、工作範圍和勞動安全衛生制度。

第七條　甲方負責對乙方進行職業道德、業務技術、勞動安全、勞動紀律和甲方規章制度的教育。

四、勞動報酬

第八條　甲方每月 _____ 日前以貨幣形式支付乙方工資，月工資為_____ 元或按 _____ 執行。

乙方在試用期間的工資 _____ 。

對工資的其他約定 _____

_____ 。

第九條　甲方生產工作任務不足使乙方待工的，甲方支付乙方的月生活費為 _____ 元或按 _____ 執行。

五、保險福利待遇

第十條　甲乙雙方按國家和北京市的規定參加社會保險。甲方為乙方辦理有關社會保險手續。

第十一條　乙方患病或非因工負傷的醫療待遇按國家、北京市有關規定執行。甲方按 _____ 支付乙方病假工資。

第十二條　乙方患職業病或因工負傷的待遇按國家和北京市的有關規定執行。

第十三條　甲方為乙方提供以下福利待遇 _____

_____ 。

六、勞動紀律

第十四條　甲方根據生產經營需要，依法制定規章制度和勞動紀律。

乙方違反勞動紀律和甲方的規章制度，甲方有權根據規章制度進行處理，直至解除本合同。

第十五條　乙方應遵守勞動紀律的規章制度，遵守勞動安全衛生、生產工藝、操作規程和工作規範；愛護甲方的財產，遵守職業道德；積極參加甲方組織的培訓，提高自身素質。

七、勞動合同的變更、解除

第十六條　有下列情形之一的，甲乙雙方應變更勞動合同並及時辦理變更合同手續：

（一）甲乙雙方協商一致的；

（二）訂立本合同所依據的客觀情況發生重大變化，即使本合同無法履行的；

（三）訂立本合同所依據的法律法規、規章發生變化的。

第十七條　當事人依據第十六條第二款的約定，一方要求變更本合同的，應將變更要求書面通知另一方，另一方應在十五日內（含十五日）書面答覆要求變更合同的一方；十五日內未答覆的視為不同意變更本合同。

第十八條　乙方有下列情形之一的，甲方可以解除本合同：

（一）在試用期間被證明不符合錄用條件的；

（二）嚴重違反勞動紀律或甲方規章制度的；

（三）嚴重失職、營私舞弊，對甲方利益造成重大損害的；

（四）被依法追究刑事責任的。

第十九條　乙方有下列情形之一，甲方可以解除本合同，但應提前三十日以書面形式通知乙方：

（一）乙方患病或者非因工負傷，醫療期滿後，不能從事原工作也不能從事由甲方另行安排的工作的；

（二）乙方不能勝任工作，經過培訓或者調整工作崗位，仍不能勝任工作的；

（三）本合同訂立時所依據的客觀情況發生重大變化，致使本合同無法履行，經甲乙雙方協商不能就變更勞動合同達成協定的。

第二十條　甲方瀕臨破產進行法定整頓期間或者生產經營狀況發生嚴重困難，符合裁減人員條件的，甲方可以解除勞動合同。

第二十一條　乙方有下列情形之一，甲方不得依據本合同第十九條、第二十條終止或解除本合同：

（一）患職業病或者因工負傷並被確認喪失或者部分喪失勞動能力的；

（二）患病或非因工負傷、在規定的醫療期內的；

（三）女職工在孕期、產期、哺乳期內的；

（四）復員、轉業退伍軍人和建設徵地農轉工人員初次參加工作未滿三年的；

（五）義務服兵役期間的；

（六）集體協商的職工代表在勞動合同期內自擔任代表之日起五年以內的。

第二十二條　乙方解除本合同，應當提前三十日以書面形式通知甲方，甲方應予以辦理相關手續。但乙方給甲方造成經濟損失尚未處理完畢，或因其他問題正在被審查期間的情況除外。

第二十三條　有下列情形之一的，乙方可以隨時通知甲方解除本合同：

（一）在試用期內的；

（二）甲方以暴力、威脅、監禁或者非法限制人身自由的手段強迫勞動的；

（三）甲方未按照本合同約定支付勞動報酬或者提供勞動條件的。

八、勞動合同的終止、續訂

第二十四條　有下列情形之一的，本合同終止：

（一）合同期限屆滿；

（二）合同約定的終止條件出現；

（三）乙方達到離休、退休、退職條件。

第二十五條　有下列情形之一的，應續訂本合同並及時辦理續訂手續：

（一）甲乙雙方同意續訂勞動合同的；

（二）勞動合同終止條件出現後形成事實勞動關係，乙方要求續延勞

動合同關係的。

出現本條第二款情況，雙方就續訂的勞動合同期限協商不一致時，續訂的勞動合同終止時間為 ＿＿ 年 ＿＿ 月 ＿＿ 日；乙方符合續訂無固定期限勞動合同條件的，甲方應與其簽訂無固定期限勞動合同。

九、經濟補償與賠償

第二十六條　發生下列情形之一的，甲方按下列標準向乙方支付經濟補償金：

（一）甲方剋扣或者無故拖欠乙方工資的，以及拒不支付乙方延長工作時間工資報酬的，除在規定的時間內全額支付乙方工資報酬外，還應加發相當於工資報酬 25% 的經濟補償金；

（二）支付乙方的工資報酬低於北京市最低工資標準的，在補足低於標準部分的同時，另外支付相當於低於部分 25% 的經濟補償金。

第二十七條　有下列情形之一的，甲方根據乙方在甲方工作年限和乙方解除本合同前十二個月的平均工資，工作每滿一年支付一個月的經濟補償金，不滿一年的按一年計算，最多不超過十二個月：

（一）經與乙方協商一致，甲方解除本合同的；

（二）乙方不能勝任工作，經過培訓或者調整工作崗位，仍不能勝任工作，由甲方解除本合同的。

第二十八條　下列情形之一，甲方解除本合同，應根據乙方在甲方工作年限，每滿一年發給乙方相當於甲方上年月平均工資一個月的經濟補償金，不滿一年的按一年計算，如乙方解除本合同前十二個月的平均工資高

於甲方上年月平均工資，按本人月平均工資計發：

（一）乙方患病或者非因工負傷，不能從事原工作也不能從事甲方另行安排的工作的；

（二）本合同訂立時所依據的客觀情況發生重大變化，致使合同無法履行，經甲乙雙方協商不能就變更本合同達成協定的；

（三）甲方瀕臨破產進行法定整頓期間或者生產經營狀況發生嚴重困難，必須裁減人員的。

第二十九條　甲方向乙方支付的經濟補償金的標準不得低於北京市最低工資。

第三十條　甲方解除本合同後，未按規定發給乙方經濟補償金的，除全額發給經濟補償金外，還需須按該經濟補償金數額的 50% 支付額外經濟補償金。

第三十一條　乙方患病或者非因工負傷，不能從事原工作也不能從事用人單位另行安排的工作而解除本合同的，甲方應支付不低於六個月工資的醫療補助費。患重病的還應加發 50% 的醫療補助費，患絕症的加發 100% 的醫療補助費。

第三十二條　甲方違反本合同的約定條件解除勞動合同或由於甲方原因訂立無效勞動合同，給乙方造成損害的，應按損失程度承擔賠償責任。

第三十三條　甲方出資培訓和出資招接收的乙方違反本合同的約定解除合同的賠償標準為 ＿＿＿＿＿＿＿＿＿＿＿＿＿＿＿＿＿＿＿＿＿＿ 。

第三十四條　乙方違反本合同約定條件解除勞動合同或違反保守商業祕密事項，給甲方造成損失的，應依法承擔賠償責任。雙方約定 ＿＿＿＿＿

_____。

十、當事人約定的其他內容

第三十五條　甲乙雙方約定本合同增加以下內容 _____

_____。

十一、勞動爭議及其他

第三十六條　雙方因履行勞動合同發生的爭議，當事人可以向本單位勞動爭議調解委員會申請調解；調解不成的，應當自勞動爭議發生之日起，六十日內向勞動爭議委員會提出書面申請。

當事人一方也可以直接向勞動爭議仲裁委員會申請仲裁。

第三十七條　本合同的附件如下：（略）

第三十八條　本合同未盡事宜或與今後國家、北京市有關規定相悖的，按有關規定執行。

第三十九條　本合同一式兩份，甲乙雙方各執一份。

甲方（公章）　　　　　　　　　　乙方（簽章）

法定代表人或委託代理人（簽章）

　　　　　　　　　　　　　　　簽訂日期：　　年　　月　　日

簽證機關（蓋章）　　　　　　　簽證員（簽章）：

　　　　　　　　　　　　　　　簽訂日期：　　年　　月　　日

使用說明：

一、本合同書可作為用人單位與職工簽訂勞動合同時使用。

二、用人單位與職工使用本合同書簽訂勞動合同時，凡需要雙方協商約定的內容，協商一致後填寫在相應的空格內。

簽訂勞動合同，甲方應加蓋公章；法定代表人或委託代理人應本人簽字或蓋章。

三、經當事人雙方協商需要增加的條款，在本合同書中第三十五條中寫明。

四、當事人約定的其他內容，勞動合同的變更等內容在本合同內填寫不下時，可另附紙。

五、本合同應使用鋼筆或簽字筆填寫，字跡清楚，文字簡練、準確，不得塗改。

六、本合同一式兩份，甲、乙各持一份，交乙方的不得由甲方代為保管。

5. 房屋買賣合同文書

房屋買賣合同是指房屋所有人或房產開發商與購房人之間簽訂的關於房屋所有權銷售事宜的法律性文件（見實例5）。

（1）**房屋買賣合同的主要內容**

- 買賣雙方當事人的姓名、性別、年齡、職業、住址等；法人應寫全稱並注明法定代表人或代理人及所在地址；
- 專案建設依據、用地依據、房屋坐落位置、交付使用期限；
- 房屋的間數、結構、品質、附帶設施等，其中，品質標準包括：臥室、廚房、衛生間的裝修標準、等級；建材配備清單、等級；屋內設備清單；水、電、氣、管線通暢；門、窗、家具瑕疵；房屋抗震等級等品質要求。合同中還可以規定房屋的保質期、附屬設備保持期等；
- 房屋交付方式（現房或預售）；
- 總價款、付款方式、付款時間，如繳納訂金的時間、數額、分期付款的步驟、時間、數額等；
- 使用面積、建築面積（其中實得建築面積、公用分攤面積應分別標明）；
- 房屋的產權性質、產權登記約定期限和有關方的責任；
- 物業管理方式及售後保修、維修責任，如：業主對物業管理公司的選擇權利；業主對物業管理方式確定的權利；物業管理公司的職責範圍；物業管理費標準的制定等；
- 合同約定面積與實得面積發生差異的處理方式；
- 違約責任；

- 簽訂合同日期；
- 雙方簽字或蓋章；
- 附件，包括所購樓的樓號、房號、單位在整幢樓中的位置示意圖、單位的平面圖等。

（2）**簽訂房屋買賣合同須注意的事項**

- 港人在中國購買房屋，必須首先確認房屋出賣方擁有房屋所有權或土地使用權。非房屋所有人和土地使用人不得出賣他人的房地産；
- 注意房屋的品質和結構等是否與合同所列相同，最好前往實地考察之後再作出決定；
- 注意一定要明確訂立房産開發商在某年某月某日交付房屋的條款，因為這裏涉及到逾期交房的違約問題；
- 在合約書中，要明確注明銷售面積（含分攤的公用面積）以及實際使用面積數。目前有關部門規定面積誤差（即當初購買時的面積與最終交屋時的實際面積誤差）在 ±5% 以內均屬正常，開發商多退少補。如最終面積誤差超過 ±5% ，客戶有權要求退房並追加利息損失；
- 因中國煤氣公司有規定，必須等到樓宅入住率達 70% 時才通氣源。所以，在合同上應注明氣源通氣的準確時間或注明如入住率不夠，不能按時通氣時，開發商採取的應急辦法；
- 應在合同中明確提出産權證發放的準確時間。目前由於各方面的因素，産權證發放比較慢，但也應注明一個合適的日期。注意開發商無限期地拖發産權證的問題。

實例 5

商品房購銷合同

（合同編號：）

本合同雙方當事人：

賣方（以下簡稱甲方）：

註冊地址：

營業執照號碼：　　　　　　郵遞區號：

法定代表人：　　　　　職務：　　　　　聯繫電話：

委託代理人：　　　　　職務：

地址：

郵遞區號：　　　　　聯繫電話：

委託代理機構：

註冊地址：

營業執照號碼：　　　　　郵遞區號：

法定代表人：　　　　　職務：　　　　　聯繫電話：

買方（以下簡稱乙方）：

【本人】【法定代表人】姓名：　　　　　國籍：

【身分證】【護照】【營業執照號碼】

地址：

郵遞區號：　　　　　　　　聯繫電話：

委託代理人：　　　　　　　國籍：　　　　　　電話：

地址：　　　　　　　　　　郵遞區號：

　　根據《中華人民共和國經濟合同法》、《中華人民共和國城市房地產管理法》及其他有關法律、法規之規定，在平等、自願、協商一致的基礎上，就乙方向甲方購買商品房，甲、乙雙方達成如下協定：

第一條　甲方用地依據及商品房坐落位置。

　　甲方以 _____ 方式取得位於 _____、編號為 _____ 的地塊的土地使用權。

　　【土地使用權出讓合同號】【土地使用權劃撥批准文件號】為 _____。

　　劃撥土地使用權轉讓批准文件號為 _____。

　　土地使用權證號為 _____，土地面積為 _____。地塊規畫用途為 _____，土地使用權年限自 ____ 年 ____ 月 ____ 日至 ____ 年 ____ 月 ____ 日止。

　　甲方經批准，在上述地塊上建設商品房，【現定名】【暫定名】 _____，主體建築物的性質為 _____，屬 _____ 結構，建築層數為 ____ 層。工程建設規畫許可證號為 _____。

第二條　乙方所購商品房的面積。

乙方向甲方購買商品房（以下簡稱該商品房）建築面積共 ＿＿＿＿ 平方米（其中實得建築面積 ＿＿＿＿ 平方米，公共部位與公用房屋分攤建築面積＿＿＿＿ 平方米），共 ＿＿＿＿＿＿【套】【間】（該商品房房屋平面圖見本合同附件一，房號以附件一上表示為準）。

該商品房分別為本合同第一條規定的專案中的：

第＿＿＿【幢】【座】＿＿＿＿＿層＿＿＿＿＿＿號房，

第＿＿＿【幢】【座】＿＿＿＿＿層＿＿＿＿＿＿號房，

第＿＿＿【幢】【座】＿＿＿＿＿層＿＿＿＿＿＿號房，

第＿＿＿【幢】【座】＿＿＿＿＿層＿＿＿＿＿＿號房。

上述面積為【甲方暫測】【房地產產權登記機關實際測定】面積。如暫測面積與房地產產權登記機關實際測定的面積有差異的，以房地產產權登記機關實際測定面積（以下簡稱實際面積）為準。

根據法律規定的房屋所有權與該房屋占用土地範圍內的土地使用權一致的原則，該商品房相應占有的土地使用權，在辦理土地使用權登記時由政府主管部門核定。

第三條　該商品房銷售特徵。

該商品房為【現房】【預售商品房】。

預售商品房批准機關為 ＿＿＿＿＿＿＿＿＿，商品房預售許可證號為＿＿＿＿＿＿＿。

該商品房為【內銷】【外銷】商品房。

外銷商品房批准機關為 ＿＿＿＿＿＿＿＿＿，外銷商品房許可證號為＿＿＿＿＿＿＿。

第四條 價格與費用。

該商品房【屬於】【不屬於】政府定價的商品房。按實得建築面積計算，該商品房單位【售價】【暫定價】為（＿＿幣）每平方米 ＿＿ 元，總金額為（＿＿幣）＿＿ 億 ＿＿ 千 ＿＿ 百 ＿＿ 拾 ＿＿ 萬 ＿＿ 千 ＿＿ 百 ＿＿ 拾 ＿＿ 元整。

除上述房價款外，甲方依據有關規定代政府收取下列稅費：

1. 代收 ＿＿＿＿＿＿，計（＿＿幣）＿＿ 億 ＿＿ 千 ＿＿ 百 ＿＿ 拾 ＿＿ 萬 ＿＿ 千 ＿＿ 百 ＿＿ 拾 ＿＿ 元整；

2. 代收 ＿＿＿＿＿＿，計（＿＿幣）＿＿ 億 ＿＿ 千 ＿＿ 百 ＿＿ 拾 ＿＿ 萬 ＿＿ 千 ＿＿ 百 ＿＿ 拾 ＿＿ 元整；

3. 代收 ＿＿＿＿＿＿，計（＿＿幣）＿＿ 億 ＿＿ 千 ＿＿ 百 ＿＿ 拾 ＿＿ 萬 ＿＿ 千 ＿＿ 百 ＿＿ 拾 ＿＿ 元整；

4. 代收 ＿＿＿＿＿＿，計（＿＿幣）＿＿ 億 ＿＿ 千 ＿＿ 百 ＿＿ 拾 ＿＿ 萬 ＿＿ 千 ＿＿ 百 ＿＿ 拾 ＿＿ 元整；

上述代收稅費合計（＿＿＿＿＿＿幣）＿＿ 億 ＿＿ 千 ＿＿ 百 ＿＿ 拾 ＿＿ 萬 ＿＿ 千 ＿＿ 百 ＿＿ 拾 ＿＿ 元整。

第五條 實際面積與暫測面積差異的處理。

該商品房交付時，房屋實際面積與暫測面積的差別不超過暫測面積的 ± ＿＿ %（不包括 ± ＿＿ %）時，上述房價款保持不變。

實際面積與暫測面積差別超過暫測面積的 ± ＿＿ %（包括 ± ＿＿ %）時，甲乙雙方同意按下述第 ＿＿ 種方式處理：

1. 乙方有權提出退房，甲方須在乙方提出退房要求之日起 ____ 天內將乙方已付款退還給乙方，並按 ____ 利率付給利息。

2. 每平方米價格保持不變，房價款總金額按實際面積調整。

第六條　價格與費用調整的特殊約定。

該商品房出現下列情況之一時，房價款和代政府收取的稅費可做相應調整：

1. 由於該商品房屬於政府定價的預售商品房，有權批准單位最後核定的價格與本合同第四條規定的價格不一致，按政府有關部門最後核定的每平方米價格調整。

2. 預售商品房開發建設過程中，甲方代政府收取的稅費標準調整時，按實際發生額調整。

第七條　付款優惠。

乙方在 _____ 年 ____ 月 ____ 日前付清全部房價款 ____ % 的，甲方給予乙方占付款金額 _____ % 的優惠，即實際付款額為（____ 幣）____ 億 ____ 千 ____ 百 ____ 拾 ____ 萬 ____ 千 ____ 百 ____ 拾 ____ 元整。

第八條　付款時間約定。

乙方應當按以下時間如期將房價款當面交付甲方或匯入甲方指定的 _____ 銀行（帳戶名稱：_____，帳號 _____）：

1. _____ 年 ____ 月 ____ 日前支付全部房價款的 _____ %，計（____ 幣）____ 億 ____ 千 ____ 百 ____ 拾 ____ 萬 ____ 千 ____ 百 ____ 拾 ____ 元整；

2. ＿＿ 年 ＿＿ 月 ＿＿ 日前支付全部房價款的＿＿＿＿＿％，計
（＿＿幣）＿＿億＿＿千＿＿百＿＿拾＿＿萬＿＿千＿＿百＿＿
拾＿＿元整；

3. ＿＿ 年 ＿＿ 月 ＿＿ 日前支付全部房價款的＿＿＿＿＿％，計
（＿＿幣）＿＿億＿＿千＿＿百＿＿拾＿＿萬＿＿千＿＿百＿＿
拾＿＿元整。

第九條　交接商品房時的付款額約定。

在雙方交接該商品房時，乙方累計支付的款額應當占全部房價款的
＿＿＿％，計（＿＿幣）＿＿億＿＿千＿＿百＿＿拾＿＿萬＿＿千
＿＿百＿＿拾＿＿元整。其餘房價款在房地產產權登記機關辦完權屬登
記手續之日起＿＿＿＿＿天內付清。

第十條　乙方逾期付款的違約責任。

乙方如未按本合同第八條規定的時間付款，甲方對乙方的逾期應付款
有權追究違約利息。自本合同規定的應付款限期之第二天起至實際付款之
日止，月利息按＿＿＿＿＿＿計算。逾期超過 ＿＿ 天後，即視為乙方不履
行本合同。屆時，甲方有權按下述第 ＿＿ 種約定，追究乙方的違約責
任：

1. 終止合同，乙方按累計應付款的＿＿＿％向甲方支付違約金。甲方
實際經濟損失超過乙方支付的違約金時，實際經濟損失與違約金的差額部
分由乙方據實賠償。

2. 乙方按累計應付款的 ＿＿＿＿＿＿％向甲方支付違約金，合同繼續履
行。

第十一條　交付期限。

甲方須於 ＿＿＿ 年 ＿＿＿ 月 ＿＿＿ 日前，將經竣工驗收（包括建築工程質量驗收和按規定必須的綜合驗收）合格，並符合本合同附件二所規定的裝飾和設備標準的該商品房交付乙方使用。但如遇下列特殊原因，除甲、乙雙方協商同意解決合同或變更合同外，甲方可據實予以延期。

1. 人力不可抗拒的火災、水災、地震等自然災害；

2. 其他等。

第十二條　甲方逾期交付的違約責任。

除本合同第十一條規定的特殊情況外，甲方如未按本合同規定的期限將該商品房交付乙方使用，乙方有權按已交付的房價款向甲方追究違約利息。按本合同第十一條規定的最後交付期限的第二天起至實際交付之日止，月利息在 ＿＿＿ 個月內按 ＿＿＿＿＿＿＿＿ 利率計算；自第 ＿＿＿ 個月起，月利息則按 ＿＿＿＿＿＿＿＿ 利率計算。逾期超過 ＿＿＿ 個月，則視為甲方不履行本合同，乙方有權按下列第 ＿＿＿ 種約定，追究甲方的違約責任：

1. 終止合同，甲方按乙方累計已付款的 ＿＿＿ ％ 向乙方支付違約金。乙方實際經濟損失超過甲方支付的違約金時，實際經濟損失與違約金的差額部分由甲方據實賠償。

2. 甲方按乙方累計已付款的 ＿＿＿ ％ 向乙方支付違約金，合同繼續履行。

3. ＿＿＿＿＿＿＿＿＿＿＿＿＿＿＿＿＿＿＿＿＿＿＿＿＿＿＿。

第十三條　設計變更的約定。

預售商品房開發建設過程中，甲方對原設計方案做重大調整時，必須在設計方案批准後 ＿＿＿＿ 日內書面通知乙方。乙方應當在收到該通知之日起 ＿＿＿＿＿ 天內提出退房要求或與甲方協商一致簽訂補充協定。乙方要求退房的，甲方須在乙方提出退房要求之日起 ＿＿＿＿＿ 天內將乙方已付款退還給乙方，並按 ＿＿＿＿＿＿＿＿ 利率付給利息。

第十四條　交接通知與乙方責任。

預售商品房竣工驗收合格後，甲方應書面通知乙方辦理交付該商品房手續。乙方應在收到該通知之日起 ＿＿＿＿ 天內，到甲方指定地點付清本合同第九條規定的應付款項。若在規定期限內，乙方仍未付清全部應付款，甲方有權按本合同第十條規定向乙方追究違約責任。

第十五條　交接與甲方責任。

在乙方付清本合同第九條規定的應付款之日起 ＿＿＿＿＿ 天內，雙方對該商品房進行驗收交接、交接鑰匙，簽署房屋交接單。若因甲方責任在乙方付清全部應付款之日起 ＿＿＿＿ 天後仍未進行驗收交接，乙方有權按本合同第十二條的約定追究甲方違約責任。

第十六條　甲方關於裝飾、設備標準承諾的違約責任。

甲方交付使用的商品房的裝飾、設備標準達不到本合同附件二規定的標準的，乙方有權要求甲方補償雙倍的裝飾、設備差價。

第十七條　質量爭議的處理。

乙方對該商品房提出有重大質量問題，甲、乙雙方產生爭議時，以 ＿＿＿＿＿＿＿ 出具的書面工程質量評定意見作為處理爭議的依據。

第十八條　甲方關於基礎設施、公共配套建築正常運行的承諾。

甲方承諾與該商品房正常使用直接關連的下列基礎設施、公共配套建築按以下日期投入正常運行：（略）

第十九條　關於產權登記的約定。

乙方在實際接收該商品房之日起，在房地產產權登記機關規定的期限內，向房地產產權登記機關辦理權屬登記手續，甲方給予協助。如因甲方的過失造成乙方不能在雙方實際交接之日起 ＿＿＿ 天內取得房地產權屬證書，乙方有權提出退房，甲方須在乙方提出退房要求之日起 ＿＿＿ 天內將乙方已付款退還給乙方，並按已付款 ＿＿＿ % 賠償乙方損失。

第二十條　關於物業管理的約定。

該商品房移交後，乙方承諾遵守小區（樓宇）管理委員會選聘的物業管理公司制定的物業管理規定；在小區（樓宇）管理委員會未選定物業管理機構之前，甲方指定 ＿＿＿＿＿＿＿ 公司負責物業管理，乙方遵守負責物業管理的公司制定的物業管理規定。

第二十一條　保修責任。

自乙方實際接收該商品房之日起，甲方對該商品房的下列部位和設施承擔建築施工質量保修責任，保修期內的保修費用由甲方承擔：

1. 牆面　　　　　　保修 ＿＿＿ 月；

2. 地面　　　　　　保修 ＿＿＿ 月；

3. 頂棚　　　　　　保修 ＿＿＿ 月；

4. 門窗　　　　　　保修 ＿＿＿ 月；

5. 上水　　　　　　保修 ＿＿＿ 月；

6. 下水　　　　　保修 ＿＿＿ 月；

7. 暖氣　　　　　保修 ＿＿＿ 月；

8. 煤氣　　　　　保修 ＿＿＿ 月；

9. 電路　　　　　保修 ＿＿＿ 月；

10. 其他等　　　　保修 ＿＿＿ 月。

保修期內，因不可抗力的因素，若其他非甲方原因造成的損壞，甲方毋需需擔責任，但可協助維修，維修費用由乙方承擔。

第二十二條　乙方的房屋僅作 ＿＿＿＿＿＿＿ 使用，乙方使用期間不得擅自改變該商品房之房屋結構和用途。除本合同及其附件另有規定者外，乙方在使用期間有權與其他產權人共同享用與該商品房有關連的公共部位和設施，並按占地和公共部位與公用房屋分攤面積承擔義務。

甲方不得擅自改變與該商品房有關連的公共設施、公共用地的使用性質。

第二十三條　甲方保證在交接時該商品房沒有產權糾紛和財務糾紛，保證在交接時已清除該商品房原由甲方設定的抵押權。如交接後發生該商品房交接前即存在的財務糾紛，由甲方承擔全部責任。

第二十四條　自該商品房交付之日起，【＿＿＿＿ 號劃撥土地使用權批准文件】【甲方與 ＿＿＿＿ 簽訂的 ＿＿＿＿ 號土地使用權出讓合同】中規定的甲方權利、義務和責任依法隨之轉移給乙方。

第二十五條　本合同未盡事項，由甲、乙雙方另行議定，並簽訂補充協定。

第二十六條　本合同之附件均為本合同不可分割之一部分。本合同及其附件內，空格部分填寫的文字與印刷文字具有同等效力。

本合同及其附件和補充協定中未規定的事項，均遵照中華人民共和國有關法律、法規和政策執行。

第二十七條　甲、乙一方或雙方為境外組織或個人的，本合同應經該商品房所在地公證機關公證。

第二十八條　本合同在履行中發生爭議，由甲、乙雙方協商解決。協商不成時，甲、乙雙方同意由 ＿＿＿＿＿＿ 仲裁委員會仲裁（甲、乙雙方不在本合同中約定仲裁機構，事後又沒有達成書面仲裁協定的，可向人民法院起訴）。

第二十九條　本合同【經甲、乙雙方簽字】【經公證（指外銷房）】之日起生效。

第三十條　本合同生效後，甲乙雙方任何一方無正當理由要求終止合同的，除雙方簽訂補充協定外，責任方須按本合同及其補充協定的有關條款之規定承擔違約責任，並按實際已付款（已收款）的 ＿＿＿ % 賠償對方損失。

第三十一條　本合同自生效之日起 ＿＿＿ 天內，由甲方向 ＿＿＿＿＿＿＿＿ 申請登記備案。

第三十二條　本合同連同附件共 ＿＿＿ 頁，一式 ＿＿＿ 份，甲、乙雙方各執一份，＿＿＿＿＿＿ 各執一份，均具有同等效力。

甲方（簽章）：　　　　　　　乙方（簽章）：

【代表人】/【代理人】：　　　　【代表人】/【代理人】：

（簽章）　　　　　　　　　　　（簽章）

　　　年　　月　　日　　　　　　年　　月　　日

簽於：××市　　　　　　　　　簽於：××市

附件一：房屋平面圖（略）

附件二：關於裝飾、設備標準（略）

6. 房屋租賃合同文書

（1）房屋租賃合同的主要內容

- 房屋坐落位置、面積、結構、設施；
- 租賃期限；
- 租金及稅費，特別要明確房租包含的內容，水、電、暖、煤氣（天然氣）和物業管理費由誰承擔；
- 房屋維修；
- 合同終止的條件；
- 違約責任；
- 免責條件；
- 爭議解決的方式：
- 其他約定事宜（見實例 6）。

（2）簽訂房屋租賃合同須注意的事項

- 首先應確定出租人的合法資格，出租人必須持有房產權，並按有關規定辦理了房屋租賃資格。出租人為房屋所有權人的，應當要求其出示房屋產權證；有共有權人的，應當要求出具其他共有權人同意出租的書面文件；如果出租人是房屋的使用人，應當要求其出具該房屋的產權證、產權人與出租人的租賃合同、產權人的授權委託手續或產權人允許其轉租的其他證明文件；
- 注意雖然出租的房屋屬於法律允許範圍，但若出現以下任何一種情況時，如 a. 房屋所有權證的；b. 被司法行政機關查封或以其他形式限制房地產權利的；c. 共有房屋

未取得共有人同意的；d. 權屬有爭議的；e. 屬於違法建築的；f. 已抵押未經抵押權人同意的；以及 g. 有關法律法規規定禁止出租的其他情形，如拆遷範圍內的房屋等，均屬於不能出租的房屋；

● 應要求出租人在房屋出租前繳清所有有關水、電、暖、煤氣（天然氣）和其他的一切費用；

● 注意房屋租賃合同在簽訂後，必須進行租賃登記方可生效。

實例 6

房屋租賃合同

訂立合同雙方：

出租方：＿＿＿＿，以下簡稱甲方。

承租方：＿＿＿＿，以下簡稱乙方。

　　根據《中華人民共和國經濟合同法》、《中華人民共和國城市房地產管理法》及有關規定，為明確甲、乙雙方的權利義務關係，經雙方協商一致，簽訂本合同。

　　第一條　甲方將自有的坐落在 ＿＿＿＿ 市 ＿＿＿ 街 ＿＿＿ 巷 ＿＿＿ 號的房屋 ＿＿＿ 棟 ＿＿＿ 間，建築面積 ＿＿＿ 平方米、使用面積 ＿＿＿ 平方米，類型 ＿＿＿＿，結構等級 ＿＿＿，完損等級 ＿＿＿，主要裝修設備 ＿＿＿＿＿＿，出租給乙方做 ＿＿＿＿＿＿ 使用。

　　第二條　租賃期限。

　　租賃期共 ＿＿＿ 個月，甲方從 ＿＿＿ 年 ＿＿＿ 月 ＿＿＿ 日起將出租房屋交付乙方使用，至 ＿＿＿ 年 ＿＿＿ 月 ＿＿＿ 日收回。

　　乙方有下列情形之一的，甲方可以終止合同，收回房屋：

　　1. 擅自將房屋轉租、分租、轉讓、轉借、聯營、入股或與他人調劑交換的；

　　2. 利用承租房屋進行非法活動，損害公共利益的；

　　3. 拖欠租金 ＿＿＿ 個月或空關 ＿＿＿ 個月的。

　　合同期滿後，如甲方仍繼續出租房屋的，乙方擁有優先承租權。

租賃合同因期滿而終止時，如乙方確實無法找到房屋，可與甲方協商酌情延長租賃期限。

第三條　租金和租金繳納期限、稅費和稅費繳納方式。

甲乙雙方議定月租金 ＿＿＿ 元，由乙方在 ＿＿＿ 月 ＿＿＿ 日繳納給甲方。先付後用。甲方收取租金時必須出具由稅務機關或縣以上財政部門監製的收租憑證。無合法收租憑證的乙方可以拒付。

甲乙雙方按規定的稅率和標準繳納房產租賃稅費，繳納方式按下列第 ＿＿＿ 款執行：

1. 有關稅法和鎮政發（90）第 34 號文件規定比例由甲、乙方各自負擔；

2. 甲、乙雙方議定。

第四條　租賃期間的房屋修繕和裝飾。

修繕房屋是甲方的義務。甲方對出租房屋及其設備應定期檢查，及時修繕，做到不漏、不淹、三通（戶內上水、下水、照明電）和門窗好，以保障乙方安全正常使用。

修繕範圍和標準按城建部（87）城住公字第 13 號通知執行。

甲方修繕房屋時，乙方應積極協助，不得阻撓施工。

出租房屋的修繕，經甲乙雙方商定，採取下述第 ＿＿＿ 款辦法處理：

1. 按規定的維修範圍，由甲方出資並組織施工；

2. 由乙方在甲方允諾的維修範圍和工程項目內，先行墊支維修費並組織施工，竣工後，其維修費用憑正式發票在乙方應繳納的房租中分 ＿＿＿ 次扣除；

3. 由乙方負責維修；

4. 甲乙雙方議定。

乙方因使用需要，在不影響房屋結構的前提下，可以對承租房屋進行裝飾，但其規模、範圍、工藝、用料等均應事先得到甲方同意後方可施工。對裝飾物的工料費和租賃期滿後的權屬處理，雙方議定：

工料費由 ＿＿＿ 方承擔（　　　　）；

所有權屬 ＿＿＿ 方（　　　　）。

第五條　租賃雙方的變更。

1. 如甲方按法定手續程序將房產所有權轉移給第三方時，在無約定的情況下，本合同對新的房產所有者繼續有效；

2. 甲方出售房屋，須在三個月前書面通知乙方，在同等條件下，乙方有優先購買權；

3. 乙方需要與第三人互換用房時，應事先徵得甲方同意，甲方應當支持乙方的合理要求。

第六條　違約責任。

1. 甲方未按本合同第一、二條的約定向乙方交付符合要求的房屋，負責賠償。

2. 租賃雙方如有一方未履行第四條約定的有關條款的，違約方負責賠償對方。

3. 乙方逾期交付租金，除仍應補交欠租外，並按租金的 ＿＿＿＿ %，以天數計算向甲方交付違約金。

4. 甲方向乙方收取約定租金以外的費用，乙方有權拒付。

5. 乙方擅自將承租房屋轉給他人使用，甲方有權責令停止轉讓行為，終止租賃合同。同時按約定租金的 _____ ％，以天數計算由乙方向甲方支付違約金。

6. 本合同期滿時，乙方未經甲方同意，繼續使用承租房屋，按約定租金的_____ ％，以天數計算向甲方支付違約金後，甲方仍有終止合同的申訴權。

上述違約行為的經濟索賠事宜，甲乙雙方議定在本合同簽證機關的監督下進行。

第七條　免責條件。

1. 房屋如因不可抗拒的原因導致損毀或造成乙方損失的，甲乙雙方互不承擔責任。

2. 因市政建設需要拆除或改造已租賃的房屋，使甲乙雙方造成損失，互不承擔責任。

因上述原因而終止合同的，租金按實際使用時間計算，多退少補。

第八條　爭議解決的方式。

本合同在履行中如發生爭議，雙方應協商解決；協商不成時，任何一方均可向房屋租賃管理機關申請調解，調解無效時，可向市工商行政管理局經濟合同仲裁委員會申請仲裁，也可以向人民法院起訴。

第九條　其他約定事宜（略）。

第十條　本合同未盡事宜，甲乙雙方可共同協商，簽訂補充協定。補充協定報送市房屋租賃管理機關認可並報有關部門備案後，與本合同具有同等效力。

　　本合同一式四份，其中正本兩份，甲乙方各執一份；副本兩份，送市房管局、工商局備案。

出租方：（蓋章）　　　　　承租方：（蓋章）

法定代表人：（簽名）　　　法定代表人：（簽名）

委託代理人：（簽名）　　　委託代理人：（簽名）

地址：　　　　　　　　　　地址：
開戶銀行：　　　　　　　　開戶銀行：
帳號：　　　　　　　　　　帳號：
電話：　　　　　　　　　　電話：

簽約地點：　　　　　　　　簽約時間：

合同有效期限：至 ＿＿＿ 年 ＿＿＿ 月 ＿＿＿ 日

第10章 附錄

附錄 1：中國國務院相關部委與機構

＞ 國務院各部委

名稱	地址	郵政編碼	電話	網址
外交部	北京市朝陽門南大街 2 號	100701	(010) 65961100	www.fmprc.gov.cn
國家發展計畫委員會	北京市西城區月壇南街 38 號	100824	(010) 68501240	www.sdpc.gov.cn
國家經濟貿易委員會	北京市宣武區宣武門西大街 26 號	100053	(010) 63192334	www.setc.gov.cn
教育部	北京市西城區西單大木倉胡同 37 號	100816	(010) 66096114	www.moe.edu.cn
科學技術部	北京市海淀區復興路乙 15 號	100862	(010) 68515544	www.most.gov.cn
國家民族事務委員會	北京市西城區太平橋大街 252 號	100800		www.seac.gov.cn
公安部	北京市東長安街 14 號	100741	(010) 65202114	www.mps.gov.cn
民政部	北京市東城區北河沿大街 147 號	100721	(010) 65235511	www.mca.gov.cn
財政部	北京市西城區三里河南三巷 3 號	100820	(010) 68551888	www.mof.gov.cn
勞動和社會保障部	北京市東城區和平里中街 12 號	100716	(010) 84201114	www.molss.gov.cn
國土資源部	北京市西城區冠英園西區 3 號	100035	(010) 66127001	www.mlr.gcv.cn
建設部	北京市西城區三里河路 9 號	100835	(010) 68394114	www.cin.gov.cn
鐵道部	北京市海淀區復興路 10 號	100844	(010) 63241206	www.chiramor.cn.net
交通部	北京市東城區建國門內大街 11 號	100736	(010) 65292114	www.mcc.gov.cn
資訊產業部	北京市西城區西長安街 13 號	100804	(010) 66014249	www.mii.gov.cn
水利部	宣武區白廣路 2 條 2 號	100053	(010) 63203069	www.mwr.gov.cn/shou.shtml
農業部	北京市朝陽區農展館南里 11 號	100026	(010) 64192468	www.agri.gov.cn
對外貿易經濟合作部	北京市東城區東長安街 2 號	100731	(010) 65198114	www.moftec.gov.cn
文化部	北京市東城區朝陽門北大街 10 號	100020	(010) 65551432	www.ccnt.gov.cn
衛生部	北京市西城區西直門外南路 1 號	100044	(010) 68792114	www.moh.gov.cn
國家計畫生育委員會	北京市海淀區知春路 14 號	100088	(010) 62046622	www.sfpc.gov.cn
中國人民銀行	北京市西城區成方街 32 號	100800	(010) 66194114	www.pbc.gov.cn
審計署	北京市西城區展覽路北露園 1 號	100830	(010) 68301520	www.audit.gov.cn

> 國務院直屬機構

名稱	地址	郵政編碼	電話	網址
海關總署	北京市東城區建國門內大街 6 號	100730	(010) 65195040	www.customs.gov.cn
國家稅務總局	北京市海淀區羊坊店西路 5 號	100038	(010) 63417321	www.chinatax.gov.cn
國家環境保護總局	北京市西直門內南小街 115 號	100035	(010) 66153366	www.zhb.gov.cn
中國民用航空總局	北京市東城區東四西大街 155 號	100710	(010) 64091114	www.caac.cn.net
國家廣播電影電視總局	北京市西城區復興門外大街 2 號	100866	(010) 86091439	www.sarft.gov.cn
國家體育總局	北京市崇文區體育館路 9 號	100763	(010) 67111154	www.sport.gov.cn
國家統計局	北京市西城區月壇南街 75 號	100826	(010) 68580964	www.stats.gov.cn
國家新聞出版總署（國家版權局）	北京市東城區東四南大街 85 號	100703	(010) 65127869	www.ncac.gov.cn
國家林業局	北京市東城區和平里東街 18 號	100714	(010) 64213193	www.forestry.gov.cn
國家質量監督檢驗檢疫局	北京市朝陽區朝陽門外大街甲 10 號	100020	(010) 65994600	www.aqsiq.gov.cn
國家工商行政管理局	北京市西城區三里河東路 8 號	100820	(010) 68022771	www.saic.gov.cn
國家藥品監督管理局	北京市西城區北禮士路甲 38 號	100810	(010) 88371540	www.sda.gov.cn
國家知識產權局	北京市海淀區薊門橋西土城路 6 號	100088	(010) 62093334	www.cpo.cn.net
國家旅遊局	北京市東城區建國門大街甲 96 號	100740	(010) 65201102	www.cnta.gov.cn
國家宗教事務局	北京市西城區西安門大街 22 號	100017	(010) 63099216	
國務院參事室	北京市東城區西安門東大街 11 號	100006	(010) 65130941	
國務院機關事務管理局	北京市西城區西安門大街 22 號	100017	(010) 63096382	

＞ 國務院部委管理的國家局

名稱	地址	郵政編碼	電話	網址
國家糧食局	北京市西城區木樨地北里甲 11 號國宏大廈 C 座	100038	(010) 63906078	www.chinagrain.gov.cn
國家菸草專賣局	北京市宣武門西大街 26 號院	100053	(010) 63605678	www.tobacco.gov.cn
國家外國專家局	北京市海淀區白石橋路 3 號	100873	(010) 68425528	www.safea.gov.cn
國家海洋局	北京市西城區復興門外大街 1 號	100860	(010) 68020193	www.soa.gov.cn
國家測繪局	北京市海淀區百萬莊三里河路 9 號	100830	(010) 68321893	www.sbsm.gov.cn
國家郵政局	北京市西城區北禮士路甲 8 號	100808	(010) 68315859	www.chinapost.gov.cn
國家文物局	北京市東城區五四大街 29 號	100009	(010) 64012636	www.nach.gov.cn
國家中醫藥管理局	北京市朝陽區白家莊東里 13 號樓	100026	(010) 65914968	www.satcm.gov.cn
國家外匯管理局	北京市海淀區阜成路 18 號華融大廈	100037	(010) 68402255	www.safe.gov.cn
國家安全生產監督管理局（國家煤礦安全監察局）	北京市興化路北街 21 號	100013	(010) 64463008	www.chinasafety.gov.cn

＞ 國務院直屬事業單位

名稱	地址	郵政編碼	電話	網址
新華通訊社	北京市宣武區宣武門西大街 57 號	100803	(010) 63071114	www.xinhua.org
中國科學院	北京市西城區三里河路 52 號	100864	(010) 68597958	www.cashq.ac.cn
中國社會科學院	北京市東城區建內大街 5 號	100732	(010) 65137744	www.cass.net.cn
中國工程院	北京市海淀區復興路 3 號中國科技會堂	100038	(010) 68570320	www.cae.ac.cn
國務院發展研究中心	北京市東城區朝內大街 225 號	100010	(010) 65135566	www.drc.gov.cn
國家行政學院	北京市海淀區廠窪街 11 號	100081	(010) 68427894	
中國地震局	北京市海淀區復興路 63 號	100036	(010) 68215522	210.72.96.1
中國氣象局	北京市海淀區白石橋路 46 號	100081	(010) 62174239	www.cma.gov.cn
中國證券監督管理委員會	北京市西城區金融街 16 號金陽大廈	100032	(010) 66211188	www.csrc.gov.cn

附錄 2：中國地方外經貿主管部門名錄

名稱	地址	郵政編碼	電話	網址
北京市對外經濟貿易委員會	北京市朝陽區朝內大街 190 號	100010	(010) 65135946 (010) 65248780	www.moftecbj.gov.cn
上海市對外經濟貿易委員會	上海市婁山關路 55 號新虹橋大廈 2104	200335	(021) 62752016 (021) 62752200	www.smert.gov.cn
上海市外國投資工作委員會	上海市婁山關路 55 號新虹橋大廈 17 樓	200336	(021) 62752200	www.smert.gov.cn
天津市對外經濟貿易委員會	天津市和平區曲阜道 80 號	300042	(022) 23304858 (022) 23304840	
重慶市對外經濟貿易委員會	重慶市建新北路 65 號	630020	(023) 69018014	
河北省對外貿易經濟合作廳	河北省石家莊市和平西路二段 184 號	050071	(0311) 7044842 (0311) 7029523	
山西省對外經濟貿易委員會	山西省太原市新建路 15 號	030002	(0351) 4041722 (0351) 4040120	www.sx-siftec.gov.cn
河南省對外貿易經濟合作廳	河南省鄭州市文化路 115 號	450003	(0371) 3943388	www.trade.henan.gov.cn
遼寧省對外貿易經濟合作廳	遼寧省瀋陽市皇姑區北陵大街 45-1 號	110032	(024) 6892544 (024) 6892225	
吉林省對外經濟貿易廳	吉林省長春市人民大街 119 號	130021	(0431) 2644191	
黑龍江省對外貿易經濟合作廳	黑龍江省哈爾濱市和平路 173 號	150040	(0451) 2621345 (0451) 2622111	www.hl-doftec.gov.cn
內蒙古自治區對外經濟貿易廳	內蒙古自治區呼和浩特市中山西路 138 號	010020	(0471) 6964301	

名稱	地址	郵政編碼	電話	網址
江蘇省對外經濟貿易委員會	江蘇省南京市北京東路 29 號	210008	(025) 7712600 (025) 7712664	
山東省對外經濟貿易委員會	山東省濟南市黑虎泉西路 121 號	250011	(0531) 6917061 (0531) 2870493	
安徽省對外經濟貿易委員會	安徽省合肥市長江路 85 號	230001	(0551) 3631900 (0551) 3637766	www.ahmoftec.gov.cn www.ahinvest.gov.cn
浙江省對外貿易經濟合作廳	浙江省杭州市延安路 470 號	310006	(0571) 5154119	www.zftec.gov.cn
福建省對外貿易經濟合作廳	福建省福州市六一北路 92 號實發大廈 13－17 層	350013	(0591) 7841917 (0591) 7853616	www.fiet.gov.cn
湖北省對外貿易經濟合作廳	湖北省武漢市漢口漢北路 8 號金茂大樓	430022	(027) 85778446	
湖南省對外經濟貿易委員會	湖南省長沙市五一東路 80 號	410001	(0731) 2295145 (0731) 2295060	
廣東省對外貿易經濟合作廳	廣東省廣州市天河路 351 號廣東外經貿大廈 8 樓	510620	(020) 38807168	www.investgd.com
海南省商業貿易廳	海南省海口市龍昆北路國貿大道	570125	(6898) 6772904 (6898) 6777795	
海南省經濟合作廳	海南省海口市瓊苑路瓊苑賓館專家樓	570203	(0898) 5337135 (0898) 5342896	
廣西壯族自治區對外經濟貿易廳	廣西壯族自治區南寧市七星路 137 號	530002	(0771) 2813165 (0771) 2800676	www.gxi.gov.cn/dzjg/wjmt/index.htm
江西省對外貿易經濟合作廳	江西省南昌市站前路 60 號	330002	(0791) 6246328 (0791) 6227281	www.jiangxi.gov.cn/

名稱	地址	郵政編碼	電話	網址
四川省對外貿易經濟合作廳	四川省成都市城華街	610081	(028) 3334033 -6421 (028) 3331115	www.sichuaninvest.gov.cn
貴州省對外貿易經濟合作廳	貴州省貴陽市北京路 21 號	550004	(0851) 6822341 (0311) 7029523	
雲南省對外貿易經濟合作廳	雲南省昆明市北京路 576 號	650011	(0871) 3135001 (0871) 3135371	www.boftec.gov.cn
西藏自治區對外貿易經濟合作廳	西藏自治區拉薩市北京中路 184 號	850001	(0891) 6339337 (0891) 6322448	
陝西省對外貿易經濟合作廳	陝西省西安市新城內	710004	(029) 7291568 (029) 7291583	
甘肅省對外貿易經濟合作廳	甘肅省蘭州市定西路 386 號	730000	(0931) 8619767	
青海省對外貿易經濟合作廳	青海省西寧市樹林巷 102 號	810007	(0971) 8174514 (0971) 8176744	
寧夏自治區對外貿易經濟合作廳	寧夏自治區銀川市解放西街 199 號	750001	(0951) 5044277 (0951) 5044850	
新疆維吾爾自治區對外經濟貿易廳	新疆維吾爾自治區烏魯木齊市團結路 11 號	830001	(0991) 2877270 (0991) 2860255	
深圳市貿易發展局	深圳市上步中路 1023 號市府二辦 4 樓	518006	(0755) 2104377 (0755) 2099972	www.sztdb.gov.cn/
深圳市外商投資局	深圳市上步中路 1023 號市府二辦 7 樓	518006	(0755) 2099312	

名稱	地址	郵政編碼	電話	網址
汕頭市對外貿易經濟合作局	汕頭市金灃莊東區東區 47 幢外經貿大廈	515000	(0754) 8931830	www.stfet.gov.cn/
珠海市對外貿易經濟合作局	香洲人民東路 19 號	519000	(0756) 2228648 (0756) 2111533	www.zhuhai-trade.gov.cn www.investzhuhai.com
廈門市外商投資工作委員會	福建省廈門市湖濱北路振興大廈 17 層	361012	(0592) 5054866	
廈門市貿易發展委員會	福建省廈門市湖濱北路 15 號外貿大廈	361012	(0592) 5302592	www.sme.net.cn

附錄 3：中國經濟技術開發區／保稅區網站

國家級經濟技術開發區	網址
大連經濟技術開發區	www.ddz.gov.cn
秦皇島經濟技術開發區	www.qetdz.com.cn
天津經濟技術開發區	www.teda.gov.cn
煙台經濟技術開發區	www.yeda.gov.cn
青島經濟技術開發區	www.qingdaochina.com
南通經濟技術開發區	www.netda.com
上海閔行經濟技術開發區	www.smudc.com
上海漕河涇新興技術開發區	www.shtp.com.cn
寧波經濟技術開發區	www.netd.com.cn
福州經濟技術開發區	www.fdz.com.cn
東山經濟技術開發區	www.detz.gov.cn
廣州經濟技術開發區	www.getdd.com.cn
營口經濟技術開發區	www.ykdz.gov.cn
長春經濟技術開發區	www.cetdz.com.cn
瀋陽經濟技術開發區	www.sydz.gov.cn
哈爾濱經濟技術開發區	etdz.sydz.gov.cn

國家級經濟技術開發區	網址
昆山經濟技術開發區	www.ketd.gov.cn
杭州經濟技術開發區	www.hetz.gov.cn
惠州大亞灣經濟技術開發區	www.gddayawan.gov.cn
蕪湖經濟技術開發區	www.wuetdz.gov.cn
武漢經濟技術開發區	www.wedz.com.cn
北京經濟技術開發區	www.bda.gov.cn
合肥經濟技術開發區	www.hetac.com
鄭州經濟技術開發區	www.zz-economy.gov.cn
昆明經濟技術開發區	www.ketdz.gov.cn
貴陽經濟技術開發區	www.gygov.gov.cn
上海浦東新區	www.pudong.gov.cn
蘇州工業園區	www.sipac.gov.cn
上海陸家嘴金融貿易區	www.shld.com
上海金橋出口加工區	www.goldenbridge.sh.cn
廈門海滄投資區	www.haicang.com

附錄 4：中國專利管理機構名錄

>1. 中央直轄市 —— 北京市

名稱	郵政編碼	地址	電話	傳真
中國專利代理（香港）有限公司北京辦事處	100032	北京市西城區金融街 27 號 投資廣場 B 座 19 層	(010) 66211588 (010) 66211569	(010) 66211564 (010) 66211597
永新專利商標代理有限公司北京辦事處	100032	北京市金融大街 27 號 投資廣場 A 座 10 層	(010) 66211834/35/36/37/38	(010) 66211845/46/47/48
中國國際貿易促進委員會專利商標事務所	100037	北京市阜成門外大街 2 號 萬通新世界廣場 8 層	(010) 68516688 (010) 68511070	(010) 68587610/11/12/13/14/15/16
柳沈知識產權律師事務所	100101	北京市朝陽區北辰東路 8 號 匯賓大廈 A0601	(010) 64993490 (010) 64993489 (010) 64926435	(010) 64993491 (010) 64993498
中原信達知識產權代理有限公司	100020	北京市朝陽區建國路 99 號 中服大廈 1300 室	(010) 65813866 (010) 65002933 (010) 65003397	(010) 65812937 (010) 65812938
中科專利商標代理有限公司	100080	北京市海淀區海澱路 80 號 中科大廈 16 層	(010) 62613753/55/56 (010) 62028011/13	(010) 62613754 (010) 62644181 (010) 62557862
北京市專利事務所	100035	北京市西城區西直門南大街 16 號	(010) 66163948 (010) 66160967 (010) 66160610	(010) 66514272 (010) 62200848
北京三友專利代理有限責任公司	100088	北京市北三環中路 40 號	(010) 62360215/16 (010) 62041212	(010) 62041313 (010) 62042062

名稱	地址	郵政編碼	電話	傳真
中國商標專利事務所	北京市西城區月壇南街 14 號月新大廈	100045	(010) 68528686 (010) 68570083	(010) 68575836 (010) 68570119
北京銀龍專利代理有限公司	北京市朝陽區甸甸裕民路 12 號 E1 元辰鑫大廈 522 室	100029	(010) 68582288 -5785	(010) 62050307
中咨律師事務所	北京市朝陽區朝外大街 20 號聯合大廈 901 室	100020	(010) 65871237	(010) 65871241
北京集佳專利商標事務所	北京市海淀區西土城路 41 號 5 樓希格瑪辦公中心	100088	(010) 62352183	(010) 62225124
北京三幸商標專利事務所	北京市亞運村匯園國際公寓 G 座 0708 號	100101	(010) 64924350	(010) 64952706
北京紀凱知識產權代理有限公司	北京市西城區宣武門西大街甲 129 號金隅大廈 602 室	100031	(010) 66411409	(010) 66411419
北京康信知識產權代理有限責任公司	北京市海淀區北三環中路甲 77 號	100088	(010) 62056204	(010) 88087200

上海市

名稱	地址	郵政編碼	電話	傳真
上海專利商標事務所	上海市桂平路 435 號	200233	(021) 64853500 (021) 64851607	(021) 64855062 (021) 64853180 (021) 64828651
上海華東專利事務所	上海市徐匯區岳陽路 319 號	200031	(021) 64331736 (021) 64310242-5204	(021) 64339517
上海市華誠律師事務所	上海市南京東路 61 號新黃浦金融大廈 11 樓	200002	(021) 63500777	(021) 62726366

>2. 有關省市 —— 廣東省

名稱	地址	郵政編碼	電話	傳真
廣州市專利事務所	廣州市倉邊路 87 號 4 樓	510030	(020) 83335425 (020) 83325354	(020) 83325355
廣東三環專利代理有限公司	廣東省廣州市中山二路 74 號	510089	(020) 87330499	(020) 87332451

瀋陽市

名稱	地址	郵政編碼	電話	傳真
瀋陽市專利事務所	遼寧省瀋陽市瀋河區中街路 14 號	110011	(024) 22729752 (024) 22729756	(024) 22729586

湖南省

名稱	地址	郵政編碼	電話	傳真
湖南省專利服務中心	湖南省長沙市八一路 135 號	410001	(0731) 4461850	(0731) 4468222

>3. 香港特別行政區

名稱	地址	電話	傳真
中國專利代理（香港）有限公司	香港灣仔港灣道 23 號鷹君中心 22 字樓	(00852) 28284688	(00852) 28271018 (00852) 28271172
永新專利商標代理有限公司	香港九龍尖沙咀東部永安廣場 103 室	(00852) 27391818	(00852) 27220051
隆天國際專利商標代理有限公司	上環信德中心西座 15 樓 1512B 室	(00852) 23041729 (00852) 25110302	(00852) 27934654 (00852) 28024272

附錄 5：中國涉外商標代理機構

>1. 中央直轄市 —— 北京市

名稱	地址	郵政編碼	電話	傳真
中國商標專利事務所	北京市西城區月壇南街 14 號月新大廈	100045	(010) 68528686	(010) 68575680
中國國際貿易促進委員會專利商標事務所	北京市阜成門外大街 2 號	100037	(010) 68516688	(010) 68516688
永新專利商標代理有限公司北京辦事處	北京市金融大街 27 號投資廣場 A 座 10 層	100032	(010) 66211834 35/36/37	(010) 66211845 46/47/48
北京市商標專利事務所	北京市西城區月壇北街 2 號月壇大廈 16 層 1601 室	100045	(010) 68081365 (010) 68083066	(010) 68081370
北京鼎力知識產權代理公司	北京市中糧廣場 B 座建國門內大街 8 號 1021-1022	100005	(010) 65264130	(010) 65263509
北京天平商標代理公司	北京市朝陽門外大街 22 號泛利大廈 1611 室	100022	(010) 65953579	(010) 65953966

上海市

名稱	地址	郵政編碼	電話	傳真
上海專利商標事務所	上海市桂平路 435 號	200233	(021) 64853500	(021) 64828652
上海市東方商標事務所	上海市浦東大道 2330 號 4 樓	200135	(021) 58789086	(021) 58857999

重慶市

名稱	地址	郵政編碼	電話	傳真
重慶市商標事務所	重慶市中區滄白路 73 號	630011	(023) 63803586	(023) 63803586

>2. 有關省市

福建省

名稱	地址	郵政編碼	電話	傳真
廈門市商標事務所	福建省廈門市湖濱南路計西路口	361004	(0592) 2220280	(0592) 2023995

山東省

名稱	地址	郵政編碼	電話	傳真
山東省商標事務所	山東省濟南市燕子山路 43 號	250014	(0531) 8527556	

廣東省

名稱	地址	郵政編碼	電話	傳真
廣東省商標事務所	廣東省廣州市天河體育西橫街 1 號	510620	(020) 87581756	(020) 87591190
廣州市商標事務所	廣東省廣州市天河路 110 號東梯 3 樓	510620	(020) 85598011	(020) 85598037
深圳市商標事務所	廣東省深圳市深南東路 5033 號金山廈 19 樓	518008	(0755) 2073290	(0755) 2073295
中山市國文知識產權服務有限公司	中山市悅來南路 22 號		(0760) 8929933 (0760) 8929955	(0760) 8929933

四川省

名稱	地址	郵政編碼	電話	傳真
四川省商標事務所	四川省成都市新華大道玉河路 118 號	610012	(028) 6745970	(028) 6623669
成都商標事務所	四川省成都市青羊區鼓樓北三街 1 號	610000	(028) 6740879 (028) 6754238 (028) 6741737	(028) 6623683

浙江省

名稱	地址	電話	傳真
寧波諏源專利事務所	寧波市解放南路 65 號陽光大廈 18 層 D 座	(0574) 8719651 8/28/38 (0574) 87308779 (0574) 87329546	(0574) 87292297 (0574) 87292130

陝西省

名稱	地址	郵政編碼	電話	傳真
陝西華林商標事務有限公司	西安市西新街 52 號（市人大）901 室	710004	(029) 7281683	(029) 7259159

經商社匯　7

INK PUBLISHING 中國商務應用文書手冊

主　　編	蔡富春
總 編 輯	初安民
責任編輯	陳思妤
美術編輯	許秋山
校　　對	呂佳真

發 行 人　張書銘

出　　版　**INK** 印刻出版有限公司
　　　　　台北縣中和市中正路 800 號 13 樓之 3
　　　　　電話：02-22281626
　　　　　傳真：02-22281598
　　　　　e-mail：ink.book@msa.hinet.net

法律顧問　漢全國際法律事務所
　　　　　林春金律師

總 經 銷　成陽出版股份有限公司
　　　　　訂購電話：03-3589000
　　　　　訂購傳真：03-3581688
　　　　　http：//www.sudu.cc

郵政劃撥　19000691 成陽出版股份有限公司
印　　刷　海王印刷事業股份有限公司

出版日期　2004 年 8 月　初版
ISBN　986-7420-10-1

定價　　220 元

國家圖書館出版品預行編目資料

中國商務應用文書手冊／蔡富春 主編.
　––初版，––臺北縣中和市：INK 印刻，
　　2004〔民 93〕面；　公分

　　ISBN　986-7420-10-1（平裝）
　　　　1. 商業書信

493.6　　　　　　　　　　93011997

本書由香港經濟日報出版社授權出版